中小学科普经典阅读书系

不知道的物理世界

赵世洲 / 著

长江出版传媒 | 长江文艺出版社

图书在版编目（ＣＩＰ）数据

不知道的物理世界 /赵世洲著. -- 武汉：长江文
艺出版社， 2020.7
（中小学科普经典阅读书系）
ISBN 978-7-5702-1591-1

Ⅰ. ①不… Ⅱ. ①赵… Ⅲ. ①物理学－青少年读物
Ⅳ. ①O4-49

中国版本图书馆 CIP 数据核字(2020)第 075777 号

责任编辑：杨　岚　　　　　　　　责任校对：毛　娟
设计制作：格林图书　　　　　　　责任印制：邱　莉　　胡丽平

出版：长江出版传媒｜长江文艺出版社
地址：武汉市雄楚大街 268 号　　　邮编：430070
发行：长江文艺出版社
http://www.cjlap.com
印刷：长沙鸿发印务实业有限公司

开本：640 毫米×970 毫米　　　1/16　　印张：11.5　　插页：1 页
版次：2020 年 7 月第 1 版　　　　2020 年 7 月第 1 次印刷
字数：64 千字

定价：23.00 元

经·典·阅·读·书·系

总 序

叶永烈

放在你面前的这套"中小学科普经典阅读书系"，是从众多科普读物中精心挑选出来的适合中小学生阅读的科普经典。

少年强，则中国强。科学兴，则中国兴。广大青少年，今天是科学的后备军，明天是科学的主力军。在作战的时候，后备力量的多寡并不会马上影响战局，然而在决定胜负的时候，后备力量却是举足轻重的。

一本优秀、生动、有趣的科普图书，从某种意义上讲，就是这门科学的"招生广告"，把广大青少年招募到科学的后备军之中。

优秀科普图书的影响，是非常深远的。

这套"中小学科普经典阅读书系"的作者之一高士其，是中国著名老一辈科普作家，也是我的老师。他在美国留学时做科学实验，不慎被甲型脑炎病毒所感染，病情日益加重，以致全身瘫痪，在轮椅上度过一生。他用只有秘书、亲属才听得懂的含混不清的"高语"口授，秘书记录，写出一本又一本脍炙人口的科普图书。他曾经告诉我这样的故事：有一次，他因病住院，一位中年的主治大夫医术高明，很快就治好了他的病，令他十分佩服。出院时，高士其请秘书连声向这位医生致谢，她却笑着对高士其说："应该谢谢您，因为我在中学时读过您的《菌儿自传》《活捉小魔王》，爱上了医学，后来才成为医生的。"

这样的事例，不胜枚举。

就拿著名科学家钱三强来说，他小时候的兴趣变幻无穷，喜欢唱歌、画画、打篮球、打乒乓、演算算术……然而，当他读了孙中山先生的重要著作《建国方略》（一本讲述中国发展蓝图的图书）后，深深被书中描绘的科学远景所吸引，便决心献身科学。他属牛，从此便以一股子"牛劲"钻研物理学，成为核物理学家，成为新中国"两弹一星"元勋、中国科学院院士。

蔡希陶被人们称为"文学留不住的人"，尽管他小时候酷爱文学，写过小说，但是当他读了一本美国人写的名叫《一个带着标本箱、照相机和火枪在中国的西部旅行的自然科学家》的记述科学考察的书后，便一头钻进生物学王国，后来成为著名植物学家、中国科学院院士。

著名的俄罗斯科学家齐奥科夫斯基把毕生精力献给了宇宙航行事业，那是因为他小时候读了法国作家儒勒·凡尔纳的科学幻想小说《从地球到月球》，产生了变幻想为现实的强烈欲望，从此开始研究飞出地球去的种种方案。

　　童年往往是一生中决定志向的时期。人们常说："十年树木，百年树人。"苗壮方能根深，根深才能叶茂。只有从小爱科学，方能长大攀高峰。"发不发，看娃娃。"一个国家科学技术将来是否兴旺发达，要看"娃娃们"是否从小热爱科学。

　　中国已经站起来，富起来，正在强起来。中国的强大，第一支撑力就是科学技术。愿"中小学科普经典阅读书系"的广大读者，从小受到科学的启蒙，对科学产生浓厚的兴趣，长大之后成为中国方方面面的科学家，担负中国强起来的重任。

2019 年 5 月 22 日于上海"沉思斋"

目　录

Contents

叫三声夸克

　　有一种礼品盒，看上去只是一个盒子，看不出里面是空的，还是装了什么东西。打开来看看，里面仍然是一个盒子。好奇心驱使，再打开这个盒子，里面又是一个盒子……总之，盒子里装盒子，不知道盒子里面是什么。

　　物理学家在研究物质结构的时候，也遇到了一个类似的问题：最里面是什么？

　　世界上的物质千千万，石头、铁、空气、水……形态不同，性质各异，但有一点是相同的，最小单位都是原子。铁的最小单位是铁原子，氢的最小单位是氢原子；水的最小单位是水分子，不过，水分子是由两个氢原子和一个氧原子组成的。

世界上的物质千千万，分到最小的单位，分到原子这一步就算到头了。自古以来都认为原子是不可再分的了。

到了 19 世纪末，X 射线的发现促进人们思考，是不是盒子里还有一个盒子？果然，进入 20 世纪以后，人们发现原子不是最小单位，在原子的内部，外围是电子，中心是原子核。原子的质量几乎全部集中在原子核。原子核本身却十分微小，大约 10 万个原子核排成一条直线才相当于一个原子的直径。

好奇心驱使科学家进一步研究原子核的结构，知道了原子核是由质子和中子组成的。人们产生了一个新的看法：原子是由电子、质子和中子等基本粒子构成的。把这些粒子叫作"基本粒子"，好像是在说原子这个盒子里也就是这些东西了。

可是，后来科学家在宇宙线中发现了一些新的粒子，在实验室里，在加速器中发现了更多的粒子，基本粒子的数量猛增到300多种，新报道也有说达到了700多种。

物理学家分别为这些微小的粒子取了名字：光子、介子、中微子以及用字母命名的 K 介子、什么什么子……还测定了它们的质量是多少，带有什么样的电荷，如何自旋（左旋还是右旋），寿命多长，就像调查户口似的，记入了档案，再加以分析。

经过分析，发现大多数基本粒子是不稳定的，寿命很短，很容易转化为其他基本粒子。这些基本粒子的质量大小差别却很大，于是，可以根据质量的大小分类。这里只简单地介绍另一种分类方法，它把基本粒子分为

两类，一类是轻子，另一类是强子。

电子和中微子属于轻子，轻子的数量比较少；绝大多数的基本粒子都属于强子，其中包括质子和中子。面对数量如此之多的强子，科学家们又在思考了：还有比质子和中子更小的结构吗？

这又是一个"盒子里还有盒子吗"这一类的问题，科学家从实验里已经感觉到，强子内部有结构。这好比拿起盒子摇一摇，听到了里头有响动的声音，初步可以判定盒子里有东西。

这时候，科学家也只有发挥想象力了。美国科学家盖耳曼提出了一个"夸克模型"，说是所有的强子都是由三种夸克构成的。

夸克是译音，意思是海鸟的叫声。因为在长诗《芬尼根之觉醒》中有一句话："向麦克老人三呼夸克。"盖耳曼把夸克借用过来，无非是一语双关，说明每一个强子都有三种夸克。

想象固然浪漫，盖耳曼提出夸克模型却是经过理论分析，而且分析得很有道理。慢慢地盖耳曼的理论被大多数人接受了，这等于承认了盒子里有东西。

知道了有夸克这种物质，那就得把它找出来。要把想象中的夸克变成真实的夸克并不容易，找了 20 年，也没发现夸克的踪迹。人们有点泄气了。没想到 1976 年，旅美华裔科学家丁肇中发现了 J 粒子。J 粒子的 J 与中文的丁字非常相似，这也是给新粒子命名的妙处。新粒子的发现，引起种种猜测，J 粒子是不是第四种夸克？这一发现，又唤起了科学家寻找夸克的热情。

1976 年前后，科学家对夸克又有了新的认识，说夸克不止三种，还有第四、第五、第六种，理论更深入、更复杂。

这时又有了一种说法，为什么夸克不能脱离其他粒子而独立存在呢？这真是怪事，仿佛是士兵犯了错误被关禁闭而失去了自由，难道就没有一个自由夸克吗？

还有人说，物质的最小结构也许就到此为止了。盒子里装盒子，发现的盒子已不少了，按顺序是原子—原子核—强子—夸克。

在研究夸克的时候，发现夸克与"3"这个数字特别有缘，三呼夸克，三种夸克；夸克的种类多了以后，夸克又可以分成三个组，人们把这种组叫作"代"，也就是夸克有三代。

可是，夸克的第三代里还缺一个夸克，它叫顶夸克。1994年4月6日，在费米实验室终于发现了顶夸克的存在。

在费米实验室，有一个加速器，地下的环形隧道长达6.4千米。在长达8年的时间里，先后有900名科学家在这里工作，终于找到了顶夸克。

这一发现，证实了夸克是存在的，证实了顶夸克是第三代。

新的发现，带来了新的希望，也带来了新的问题：

为什么只证实了顶夸克的存在？

"3"字有什么意义？

而最基本的问题仍然是：物质的最小结构就是夸克

吗？盒子里还有盒子吗？

黑夜，应该是白夜

天空为什么是黑的？

太阳落山了呗。夜晚，太阳公公睡觉去了，天就黑了。3 岁的儿童会这么回答。

是的，天上没有太阳，好像天就必然会是黑的。可是，没有了太阳，还有星星，绝大多数星星都是恒星，都会发光，为什么没把夜晚的天空照亮？

所有的星星都在发光，夜晚的天空不应该是黑的，本应该像白天那么亮。

这是 19 世纪的天文学家奥伯斯提出的问题。奥伯斯是德国人，原来是内科医生，酷爱天文，白天行医，晚上就在自己的住所上层观测星空，发现过 5 颗彗星，研究过小行星。观测的年头多了，就提出了上述这个问题。

要说清这个问题，还得从天上有多少星星说起。奥伯斯是从天上有多少颗星，想到了宇宙有多大，是不是无边无际。这不是3岁儿童回答得了的，涉及一些大问题。

在没有望远镜以前，全凭肉眼看天，眼力再好，也只能看到 6000 多颗星。发明望远镜以后，眼界突然开阔，看到了 5 万多颗星。后来，天文学家赫歇尔一家，赫歇尔和他的妹妹、儿子对天空划分区域，系统观测，作了统计，统计出北半球天空有 11 万颗星，南半球天空有 70 万颗星。

人类的视野开阔了，从太阳系扩展到了银河系，看到了 10 万光年以外的星空。当年赫歇尔一家观测星空，使用的是自制望远镜。时代进步了，制造望远镜的技术越来越高，人类的视野一再扩大，原以为看到了天边，谁知道真是天外还有天。天在扩展，谁也说不清天到底有多大，于是形成了一个观念：宇宙是无边无际的，宇宙是无限的。

这时候，奥伯斯出来说话了。

他说，宇宙是无限的说法不科学，不信的话，我给计算一下。宇宙中应该均匀地分布着许多发光的恒星，虽然有的亮些，有的暗些，不妨假定它们都按一个平均亮度发光。还要考虑，离地球近的星照到地球上的光要强一些，远一些就弱一些，把距离的因素也考虑进去。如果宇宙是无限的，恒星和恒星之间不会有暗区，地球的上空不会是黑的，而且比白天亮得多，大约相当于天空中布满了太阳那么亮！

奥伯斯的理论告诉我们，夜晚的星空是亮的，是白夜；而人们的实际观察，夜晚的星空是黑的，是黑夜。理论和实际发生了矛盾。

提出这个矛盾，奥伯斯不是第一人。1610 年，天文学家开普勒就反对过宇宙无限的说法，他认为，如果天空的星星无限多，夜晚的星空就应该是亮的。

理论和实际发生矛盾，其中必定有原因，只是一下子还不知道问题出在哪里。从奥伯斯开始，不断地有人探讨矛盾的根源，推动了学术的发展，促使人们去思考宇宙到底是什么样的。

为了解决矛盾，曾经出现过许多说法。

有人说，星空中存在着吸光物质，比如尘埃之类的物质，吸光物质吸收了星光，使得天空黑了下来。

有人说，奥伯斯的理论是根据恒星均匀地分布在空中计算的，而实际的恒星分布并不均匀，有的星区恒星多，有的星区恒星少，宇宙中有亮区和暗区，地球的位置在暗区。

有的人倒是赞同奥伯斯的理论，只是说，奥伯斯假定了恒星永远在那儿发光，要考虑到恒星也有个寿命问

题，要是恒星的平均寿命很短，那么遥远的恒星在"死亡"以前发出的光到不了地球。

还有一种理论，认为宇宙起源于原始火球的大爆炸，大爆炸以后，出现了许多星云，逐渐凝聚成各种天体。大爆炸以后，宇宙膨胀开来，大量恒星远离我们而去。这样，这些恒星的光也不能到达地球。

也还有这样的推论，如果宇宙存在的时间太短，而那些距离我们十分遥远的星光还没有射到地球上来呢。

也许还会出现一些新的解释，总之，白夜和黑夜的问题已打开了人们的思路。只要无法推翻奥伯斯的理论，那就得找出原因来说明这个相互矛盾的事实。

时间之箭

"我的青春，小鸟一样，飞去不回来。"民歌里的一句词，唱出了时间的特点：一去不回头。民间有不少谚语，劝告青少年要抓住美好时光，奋发向上，比如说，"时不可待，机不再来。"又比如，用"日月如梭，光阴似箭"形容时间过得很快。

"光阴似箭"，不仅有"时间过得快"的意思，还有更深的意思：射出去的箭只沿着一个方向前进，射出去的箭再也不会返回来。

1929 年，英国天文和物理学家爱丁顿首先把这个观念引入科学，使用了"时间之箭"这个词。时间之箭，也译为"时间箭头"。这是说，时间是不可逆的，只有一个方向。时间，在嘀嗒嘀嗒钟表声中，总是从过去走

向现在，从现在走向未来。

　　日常生活的现象，人的心理感受，都一再证实，时间不可逆转。

　　人的一生总是从童年、青年走向老年，脸上的皱纹逐渐多了起来，没见过哪位老人脸上的皱纹消失，皮肤变嫩，回到幼儿园去。一只装水的茶杯摔在地上，水洒了，杯子破成碎片，这个过程绝对不会倒过来：茶杯的碎片聚合成茶杯，茶水倒流到杯子里，跳回到桌子上。

时间和空间不同，空间包围着我们四周，时间却只能一点一点体验到。在空间，我们可以走向四面八方，上天入地；对时间，我们只能走向未来，不能回到过去。过去，只存在记忆之中，未来一片空白。

跳出日常生活，看看科学中的时间。牛顿是科学巨匠，他研究了行星运动的规律，思考过苹果为什么落地，创立了物体运动定律，列出了计算的公式，奠定了现代物理学的基础,每个中学生都要学习牛顿的力学三定律。

牛顿把时间列入方程，计算加速度的公式中，时间出现两次：时间的平方。不论时间是正的还是负的，乘积总是正的。因为两个负数的乘积等于两个正数的乘积，牛顿的方程就不能区分正的时间和负的时间(倒退的时间)。

根据牛顿的公式，天文学家可以预测1500年后的日食，也可以推算出1500年前的日食记录是否准确。牛顿

的方程，不分过去和未来，与时间的方向无关。我们制作一个动画片，表现两个行星围绕太阳运行的情景。放映的时候，正放一次，再倒过来放映一次，人们看到了两个不同的时间方向。动画不能告诉我们，哪一个是真实的方向。因此才有人说，时间失去了方向。

在牛顿之后，科学家麦克斯韦研究了电磁现象，把电磁定律数学化，建立了麦克斯韦方程，时间也不论是正数还是负数，不区分过去和将来，方程的答案都是对的。时间又一次失去了方向。可是，许多电磁现象却是有方向的，电灯光照亮房间，再也不会重新聚合，回到电灯泡的灯丝里去。

可是，时间箭头在热力学第二定律中又明显地表现出来，所有的物理过程都是不可逆的，时间只向一个方向流逝，指向未来。可以列举出来的实例非常多。

往牛奶里倒一些红茶，红茶就会扩散开来，与牛奶完全混合，显示出奶茶的颜色。一旦完全混合以后，再也不会自发地分成牛奶和红茶。一张报纸燃烧以后，留下一些灰白色的灰烬，纸灰不会再变成一张纸；春天的草籽，育成青青的草，秋天青草干枯了，再不能还原成为草籽。

在力学定律中，时间没有方向，是可逆的，而大自然的现象却是不可逆的。这是为什么？想来想去，又引出一个新问题，时间箭头是从哪儿开始的？

有人说，时间的不可逆来自宇宙大爆炸，由于宇宙大爆炸引起了宇宙膨胀，膨胀的宇宙就是一个永不停息的大针，退行的星系指示了时间，产生了时间箭头。这就是说，时间有了起点，开始于初始的大爆炸。但是，如果宇宙停止膨胀并且开始收缩的时候，那么时间箭头岂不是要倒转过来，破碎的杯子聚拢起来，跳回桌子上来？

还有一些科学家把眼光转向微观世界，看看那些眼睛看不见的基本粒子，结果发现了微观世界是有时间箭头的。

　　说到这里，你是不是觉得有些乱？好像是各说各的。是的，因为这个问题本身是 20 世纪物理学的大难题之一，原来就没有一个统一的说法。它是一个谜，答案就可能是多种多样，也不知道哪一种说法更正确。

　　最后，要提醒大家，力学定理使时间失去了方向，但并不妨碍它的正确性，放火箭、发射人造卫星，计算的依据仍然是牛顿的力学定律。不过，我们要记住，心理的时间箭头确实存在，仍然是青春一去不回来；热力学的时间箭头也存在，碎了的杯子不能复原；宇宙的时间箭头也是真实的。

　　余下的才是那些不知道的问题，时间箭头从哪儿开始？心理箭头、热力学箭头、宇宙箭头有什么联系……

不露真面目的反物质

一枚硬币有正面和反面，一面是国徽，另一面是 1 角、5 角等字样。人照镜子，"自己"是"正人"，镜中的像是"反人"，左手在镜中成了右手。

由此推论，如果水是正水，有没有反水呢？氢气是正氢，那么有没有反氢呢？照此类推，似乎有点荒唐，至少是不可思议。

水和氢都是物质，再问一句，既然有物质，有没有反物质呢？

答案出人意料，十分肯定地说，有反物质！

反物质，一时想不明白，一句话也说不清，还是从头说起吧。现代物理的研究，对物质的结构已相当深入，知道了物质是由原子组成的，原子也有自己的结构，外

层是电子，内核有质子和中子。

电子的性质也是清楚的，测出了电子的质量，知道它带有负电荷。大家也知道，电子只此一种，没有别的什么电子。到了1930年，英国物理学家狄拉克出来说，电子有两种，两种电子的质量都相同，只是带有的电荷不同，除了带负电荷的，还有带正电荷的。这两种电子，恰好一正一反，大家熟悉的电子带负电荷，是正电子，带正电的正电子反而叫反电子。

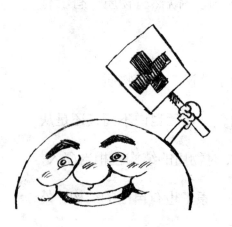

狄拉克的话听起来别扭。可是，他说，我有理论根据，并且列出了方程。在尚未发现反电子以前，大家

半信半疑。

没料想，两年以后，美国物理学家安得森果然发现了正电子。安得森专门研究从外层空间射来的宇宙线，研究的方法很巧妙，能使微小的粒子在云雾室留下径迹。仔细地观察这些径迹，弯曲的方向都与电子相同，猛然间，却发现有些微小粒子的径迹与电子相反。一种径迹弯向左方，另一种弯向右方，一正一反。

安得森认为，这正是狄拉克两年前预言的正电子，也就是反电子。狄拉克的预言被证实以后，他于1933年得到了诺贝尔物理学奖，领奖时，又预言可能存在反质子。

这一预言，过了12年终于得到证实，反质子被发现了。质子和反质子的质量和电量完全相同，只是质子带正电，反质子带负电。

不久以后，人们发现了反中子，中子不带电，怎么区分正反呢？中子有一个性质，会自旋，就像地球自转

一样。中子和反中子自旋的时候方向各不相同,一个左旋,一个右旋。后来人们还发现一些各种各样的反粒子。

反粒子发现得多了,人们很自然会设想,物质是由电子、质子和中子组成,那么,把反电子、反质子和反中子配成套就应该能组成反物质了。物理学家设计好方案,然后进行了实验,终于得到了结构比较简单的反氘。氘是氢的同位素。后来,又得到了反氦的同位素反氦核,反氘和反氦核都不能长期存在。这说明宇宙间的的确确存在着反物质。反物质的设想并不荒唐,只是不可思议。

人的疑问总是没有尽头,关于反物质,至少有两个疑问要追问下去。

首先要问,到哪里去寻觅反物质?其次要问,反物质能不能长期存在?

这两个问题相互有关联。在我们周围的世界里,反物质只要一露头,立刻就会与正物质相结合,并且迅速地湮灭。于是,人们只好把眼光从地球移向宇宙,狄拉克就说过，在地球上，太阳系中，正物质占优势，但对某些星球来说，可能有一半是由反物质构成的。

狄拉克的这个预言过于大胆了，猜想多于分析和推理。不过，仍然有人认为，宇宙是如此广阔，在太阳系以外，银河系以外，没准就存在着完全由反物质组成的星系。在这些星系里，正物质反倒是非常罕见的了。

有人说存在着反物质组成的星系，也有人反对，各说各的理。科学的讨论，必须以事实为依据，只有通过观测，找到了证据，才能判定正方或反方的结论是否正确。但是，今天的观测手段还无法把物质和反物质区分开来，从远方的太空射来的星光，不论正反物质，光谱完全相同。这样宇宙深处是不是存在反物质星系，就成了一个谜。

回头再来看看地球上的反粒子，也仅出现在实验室中。实验室以外，难寻踪迹。主要是反粒子太不稳定，前面说过，反粒子一遇到正粒子，一瞬间即相互湮灭。现在要补充一点，湮灭不是简单地消失，而是转化为光子，

放出巨大的能量来。1 克反物质和物质相撞湮灭的时候，放出的能量相当世界上几个最大水电站发电量的总和。

这么巨大的能量，又为通古斯大爆炸提供了一种新的解释。1908 年 6 月 30 日，中西伯利亚的通古斯发生了一次空中大爆炸，将 2000 平方千米的松林夷为平地，强烈的爆炸力推倒了 400 千米以外的墙壁……

据推测，爆炸的当量相当于 1000 万~1500 万吨 TNT 炸药，爆炸的能量大得惊人！

这个能量从哪儿来？提出的解释有 20 多种，有说天外来客的，有说是外星宇宙飞船失事的，有说彗星碰上了地球的……如今又出现了一种新说法，说是天外飞来了一块由反物质组成的陨石，在通古斯河上空，反物质与物质遭遇湮灭，放出巨大能量造成了大爆炸。造成大爆炸的反物质不超过 30 克，湮灭过程仅有 1/2000 秒。

反物质仍然有些神秘，有人已经在设想利用反物质，计算出只需要 10 毫克反物质，就能把宇宙飞船送上天。

但是，要利用反物质，就必须首先找到反物质。在地球上，人们尚未找到可利用的反物质，即使找到了，也不知道怎么去利用它。

不过，1997 年曾有报道说，在地球之外，十分遥远的银河系中心（距地球 2.5 万光年）存在着一个反物质源，它喷射出一个"反物质喷泉"，高达 2940 光年。把反物质源描绘成喷泉的科学家多少有点浪漫。而另一些科学家则认为，由于物质和反物质湮灭产生了大量热气云，那是一个"毁灭源"。

总之，那里存在着剧烈的活动，反物质的大量存在将改变人们对银河系的认识，打开又一个未知世界的大门。

幽灵粒子

幽灵粒子，是指中微子。中微子很神秘，一个小小的粒子，居然能穿过地球。从太阳出发的中微子，只要8分钟就可以到达地球。1000亿个中微子与地球相遇，几乎全部都能顺利地穿越地球，再次进入茫茫的宇宙之中，只有1个中微子可能与地球上的原子发生作用。

说它神秘，还因科学家猜想，宇宙中的中微子像一个幽灵在飘荡，怎么也捉不到它。20世纪初，在研究放射性物质的时候，人们注意到，原子核放出一个电子（或正电子）的时候，会带走一些能量。可是，仔细地算一算，损失的能量比电子带走的能量大，有部分能量丢失了。就像钱包里的钱丢失了一部分，是被小偷窃走了，能量丢失，也是一宗失窃案。

丢失能量，不论是怎么丢失，丢在哪里，在物理学家看来，都是严重的大事，令人头疼。物理学中有一条重要定律，即能量守恒。按照这条定律，能量是不会丢失的，如果证实是丢失，是亏损，那么能量守恒定律就靠不住了，不少的物理学理论就会垮掉。

事关重大，一定要侦破失窃案，查明能量是怎么丢失的，是哪个小偷窃走的。

1931 年，奥地利物理学家泡利出来说话了，说是放射性物质的放射线β中，不仅有电子，同时还有一种我们尚不认识的粒子，这是个未露面的"小偷"，就是它带走了丢失的能量。大物理学家费米十分欣赏泡利的观点，还给这种未露面的粒子取了个正式名字中微子——中性的微小粒子。

在当年，科学家发现的基本粒子非常少，对中微子的理论，大多不相信，甚至认为，这只是找个理由来维护能量守恒定律，保住物理理论大厦。至于那个"小

偷"，犹如幽灵，是抓不到的。

捕捉中微子的工作，比设想的要困难得多。中微子是中性粒子，不带电，不参与电磁作用，不惹是生非；它的运动速度很快，接近光速，穿透力强，来无影去无踪。从假设存在中微子，直到捕捉到手，共用了 25 年的时间。

首先是中国科学家王淦昌写的论文，提出了《探测中微子的建议》，设想了一个探测方法。这是 1942 年，王淦昌很年轻，风华正茂。他的建议，为一位美国科学家接受。通过实验证实了丢失的能量的确是被中微子带走了。

经过漫长的搜寻过程，1956 年，美国科学家柯文和莱因斯宣布，他们捉到了中微子。他们做了一个很大的探测器，埋在一个核反应堆的地下，埋得很深，经过相当长的时间，测到了从核反应堆中放出来的中微子束。

十几年以后，人们才捕捉到从宇宙空间射来的中微子，科学家做了一个直径为6米的大桶，埋在一个很深的金矿中，构成一架"中微子望远镜"，也捕捉到了中微子。

神秘的中微子终于露面了，然而，科学家仍然没有完全看清它的真面目，留下了一些新的难以破解的谜。

在探测中微子的时候，科学家的第一个感觉是数量不够，总是比预期数量少，而且"漏网"的数量很大，为什么不能全部捕捉到呢？

再一个重大问题是：中微子的质量问题。质量，静止质量是粒子的重要性质，确定其他各种粒子的质量，没有什么困难，顺顺当当地解决了，唯有中微子的质量怎么也定不下来。在科学界，有种种不同认识，还有种种相互矛盾的观测记录。中微子，仍然保留着神秘的色彩。

有人说，中微子的质量是零，因为没有质量，中微子才能在真空中以光速运动。这是根据美籍华裔科学家

杨振宁和李政道的理论进行分析得出来的结论。

这么轻！你就不能多吃点啊！

电子

当然，也有怀疑的人，说这个问题要通过实际观测来确定。在苏联和美国都有科学家在进行脚踏实地的测定，同时宣布说，已经测到了中微子的质量，并把数据列举了出来，好像已经找到可靠的证据。过了几年，由别人来重复他们的实验，数据又变了，好像应该是零。实测结果并不确定，依然定不下来。

1987年，天文学家观测到空间有一颗超新星爆炸，爆炸以后必然会抛出大量中微子，总有一部分中微子从宇宙空间闯到地球上来，科学家们纷纷启动仪器进行观测。观测结果千差万别，有的说中微子是有质量；有的说质量非常小，几乎没有；有的则明确地说，质量为零。

中微子，微小，渺小。它那么轻，轻得没有质量，却留给人们一连串谜。科学家们非常重视这些谜，不仅物理学家关心，天文学家也关心。

宇宙间的各个星系，往往聚集成星系团，这是因为各星系之间存在着强大的引力。如果没有强大的引力，就不会聚集成团，而会走向分离，越离越远。

这个强大的引力从哪儿来？大家都认为来自星系的质量。可是，仔细计算一下，问题又来了：星系的总质量不足以提供那么强大的引力，最多只能提供20%，短缺的质量达到80%。

从哪儿去寻找那些短缺的质量呢？

从宇宙中密度极大的中微子身上去寻找，只要中微子有质量，就可以弥补那些短缺的质量。

这些想法正确吗？不敢说。中微子原来像个幽灵，难以寻觅；现在捕捉到手，却还是那么神秘，留下了一连串谜。

氢气，液氢，金属氢

氢，我们听说过，见到过它的用处，节日的时候，往往会看到许多氢气球升到空中，越飘越远，消失在视线之外。

关于氢，你知道些什么？

氢很轻，可以做氢气球。不过，不能让氢气球相互碰来碰去，一不小心，它就会爆炸。

氢还是未来的能源，也许能用氢去开动汽车，也许能用来当作核聚变的燃料……

关于氢，你不知道的是什么？

也许你不知道，氢也会成为金属。是的，成为金属氢，像金、银、铜、铁、锡那样的金属。

乍一听，有些突然，气体的氢怎么与金属扯到一起了。细细想，这也不算荒唐。气体、液体、固体，这三种物质形态原本是可以互相转化的。我们最熟悉的水是液体；加热到100℃，就成了气体；冷到0℃以下，就冻成了冰。

日常生活给人的经验是，温度下降，越来越冷，气体向液体转化，液体向固体转化。现代生活还给人一个经验，对煤气施加压力，煤气就被压成液体，装在液化气罐里。

生活经验是符合科学规律的，降低温度、加大压力都可以使气体转化为液体，由液体转化为固体。根据这个科学规律，100多年前就有作家在小说中描绘了氢气可以变成金属氢，在他笔下，金属氢仍能飘浮在空中，闪闪发亮。

作家写小说，想到了就可以写，不需要严格证明，是幻想，不是预言。1926年，英国物理学家贝纳尔却作出一个预言：只要有足够大的压力，任何元素都能变成

金属。

这个预言真是胆大如天，"任何元素"的说法是不是太过分了。搞科学研究，付诸实践的行动，还得谨慎一些，先不说"任何元素"，哪怕只要挑一种元素来试试就够，这个元素就是氢。

在预言的提示下，1935 年有科学家从理论上进行了计算，能使气球升空的氢气，若要转化为金属氢，首先要降低温度，降到 -260℃；同时要加大压力，加大到 250 万个大气压或是更高一些。

这么高的压力，很难制造出来，地核中心的压力是 350 万个大气压，人造压力要达到 250 万个大气压，还办不到。这样，实现这个预言的努力就停了下来，一直停了 50 多年，才总算在实验室里实现了这个目标。

实验的时候，科学家把高纯度的氢气通入一个超高压装置，在 -268.8℃的时候，加大压力，观察到氢气变

成了黑色的固体，夹在两个透明的金刚石压砧之间。这个"黑色的固体"体积太小了，只是一个薄片，非常薄的薄片。

它是金属氢吗？

是金属，就应该能够导电。因为金属氢体积太小，测量导电性时，不敢直接用导线连接，怕发生短路测不准，只能用间接的方法，测量出氢的电阻率突降到了原来的百万分之一，证实了氢已经成了导电的金属。

因为是间接测量，引起了一些人的怀疑，认为实验中施加的压力恐怕不够大，或者说实际没有达到预定的压力。是不是真的得到了金属氢，还有两种说法：得到了和没有得到。争论是有益的，仔细分析论点，大家都认为，降低温度、加大压力的确能使气体氢转变成金属氢，只是现在的实验还不能那么确定，还不能保证得到

更多的金属氢。

这个实验更多的是给人以启示和希望，甚至使人激动。科学家们看出来，通过加大压力使气体氢变为金属氢以后，减小压力或撤去压力，金属氢仍然会保持稳定的金属状态。

如果真的是这样，金属氢就会成为人们梦寐以求的超导材料。现今的超导材料大多要求温度低到零下一二百摄氏度的条件，才能实现超导，而金属氢在一二十摄氏度时电阻就接近于零，就能实现超导。

金属氢还可能成为高密度、高储能的燃料，金属氢的储能密度大约是液态氢的 8 倍。目前，我国的长征三号火箭、美国的航天飞机都采用液氢作为燃料，如果用金属氢来代替液氢，火箭的重量将大大减轻，体积也能缩小了。

金属氢的储能密度是 TNT 炸药的 30~40 倍，用它直接作为炸药，那可了不得。不过，这有点可惜。用金属氢来造氢弹，氢弹就会体积更小，威力更大。不用来造氢弹，也可能成为未来受控核聚变的材料。

究竟氢能不能变为金属，目前还无法确定。不过，能把氢变为金属的预言，已经使人类开阔了眼界，看到了大量存在于地球上的氢，大量存在于宇宙中的氢，迟早有一天会得到利用，而且是以许多人想不到的方式被加以利用。

柔软的晶体

"液晶"这个词你应该不陌生。也许是看电视的时候，也许是使用数字电子表的时候，也许在按电子计算器的时候，那些显示出来的数目字——一闪一闪的黑色数字，就在提示你：

我们就是液晶。

用液晶来显示数字，开始于 20 世纪 60 年代，而发现液晶的时间却是 100 多年前的 1853 年。那一年，病理学家鲁道夫用显微镜观察神经细胞的时候，发现了一种有机物：髓磷脂，当时，他并不知道这就是液晶。

几年以后，人们用有机酸制造出一种新物质，才发现这种物质的特点。本来，这是一种白色晶体，通过加热，温度达到 145.5℃ 的时候变成为混浊的液体，在

178.5℃的时候，混浊的液体突然变得清澈起来。

这是违背常识的现象。按照常识，固体达到它的熔点的时候，就会熔为液体，就像铁会熔化成铁水。而这种新物质却有两个熔点，在145.5℃的时候熔化为"混浊的液体"，到了第二熔点178.5℃才成为清澈的液体。混浊的液体非常软，不像晶体却是晶体，它介于液体和晶体之间，这才有了"液晶"这个词。

这一发现改变了人们对物质的认识，原来在固体、液体、气体这三种形态以外还存在着第四态——液晶。

这一发现并没有马上得到利用，因为它留下了一些"不知道"，不知道液晶是怎么形成的，也不知道它有什么用，这些"不知道"，从 19 世纪到 20 世纪才初步得到了解决。

现在我们已经知道，液晶普遍存在于生物体内，细胞膜就是一种液晶。

现在我们已经知道液晶内部的结构。晶体，同时也是固体，食盐是晶体，也是固体。固体内部的分子排列各有不同，如果排列得乱七八糟，毫无规则，那是一般的固体。如果分子排列有规则，形成一定形状，就成了晶体。晶体的外形往往是一些几何多面体，食盐、冰雪、陶瓷都是晶体，而液晶的分子排列更有特色。

在液晶内部，分子的形状与一般的分子不同，不是球状，而是棒状，好比一大把牙签装在盒子里，分子之间的位置是有秩序的，方向也是有序的，成百万个分子聚集在一起，顺着同一方向排列。知道了分子排列的特点，认识液晶也就有点眉目了。原来液晶在受热的时候，首先是分子的位置有序受破坏，而方向有序无变化，这就成了液晶态。如果进一步加热，位置有序和方向有序都受到破坏，分子之间大混乱，这就成了液态。

深入地研究，还发现液晶有许多不一般的特性，这些特性往往违背常识，给人一个新奇和惊讶。当一束光射入它里面，就分裂成两束光，一束折射，另一束形成偏振光。液晶对电场也很敏感，原来是透明的，加上电场会变得不透明；反过来也是一样，原来是不透明的，加上电场，又变得透明起来。

液晶的性质和特点，逐渐被人们认识和掌握，就开始考虑到如何利用它。就好像盖房子，打好基础，才能一层楼二层楼地盖起来。应用液晶来显示数字只不

过是小试锋芒，既然可以显示数字，那么就应该能显示文字和图像，而且不应该只有黑白两色，还要加上彩色。

于是，人们在日常生活中更多地看到了液晶的身影，寻呼机上的"汉显"，显示出了汉字。电视机也多了一个新品种：液晶电视机，不仅有黑白的，还有彩色的。由最先走上市场的袖珍彩色电视机，到大屏幕的液晶电视，它们与传统的电视机相比，更有自己的特色：屏幕很薄，重量很轻，体积很小，再加工作电压很低，只需要几伏，而不是几万伏。于是，液晶电视不必摆在台子上，可以挂在墙上，看电视好像看画似的。

液晶的新用场日益广阔，能利用它来诊断疾病。由于液晶对光、热、磁都十分敏感，人体的体温，哪怕只升高十分之一摄氏度，也能灵敏地反映出来。液晶还能用来探测机器的损伤，它比现有的探测仪更准。更有趣的是，还制出了液晶塑料，用来制造防弹背心、防弹汽车，那才是刀枪不入。

液晶的潜在用途无法列举出来。回顾 1853 年，鲁道夫发现液晶的那一年，做梦也想不到 100 多年后会用来显示数字，制作电视机。在他的发现以后，过了 30 年，才开始对液晶做一些探索性研究，直到 20 世纪 50 年代末，才建立了一些理论，才得到开发性的应用。

液晶的应用已扩展开来，不过，不能过分兴奋，这只是一个开头，好戏还在后头。人们对液晶的了解尚未深入，甚至是肤浅的。人们掌握的液晶，种类还不够多，还有许多我们不熟悉、不认识的液晶。

人的身体里就有液晶，除了神经细胞外，在大脑、眼睛的视网膜、肌肉、肾上腺皮质、卵巢里都能找到液晶。各种生物体内也都有液晶。生物液晶，它离开生物体以后，很快也会"死"去，这些我们研究得太少，我们不知道的太多。

现在的液晶，都是由有机物组成，能不能用无机物

　　来制造液晶呢？能用无机物来造液晶的话，应用将更为广泛。

　　人类对固体、液体、气体的研究已经比较充分，知道得很多，而对液晶——物质的第四态的研究只不过刚刚起步，不知道的比知道的多，研究和开发的天地也更诱人。

从未听说过的超流

冷，冷，冷！哪儿最冷？

在地球上，最冷的地方在南极，曾记录到−88℃的低温。科学家却说，这只是"普冷"，普普通通的冷，还有更冷的地方，那就是实验室。

物理学家为了把气体变成液体，在实验室制造出比南极更冷的环境，冷到−200℃。冷到这个地步，好多气体，包括氮和氧都成了液体；冷到这个地步，出现了好多怪现象，橡皮球失去了弹性，扔到地上不会弹跳，而脆得像玻璃，碎了。还有，会流动的水银变得硬邦邦，能拿来当锤子使……

这还不算冷，在实验室里又制造出比−200℃更冷的环境，在−253℃的时候，氢气变成了液体。最难液化的

氦气，经过艰辛的努力，终于在－269℃的时候，也成了液体。到此为止，所有的气体都被液化了。

在这么冷的环境里，怪现象更为奇特。第一个现象是超导现象，导体的电阻消失了，电流在导体里永远流动着；磁铁不再吸铁，而悬浮在空中。超导的宣传很多，大家也许已知道了；而第二个现象——超流，却很少有人知道，也许从未听说过。

超流特别怪：液体都有流动性，而且都是向下流；可是真怪，在超低温的实验室里，液体不仅往低处流，居然也会往高处走，盛在杯子里的液体，会沿着杯子内壁向上走，又从杯子外壁流下来，好像给杯子内外壁贴上了一层薄膜。把杯子盖上盖子，也很容易"流"出来。

这是一种从未见过的液体，从未见过的怪现象，首先发现这一怪现象的人是物理学家卡皮察。卡皮察是苏联人，1921年赴英国留学，学成后便居住在英国从事科学研究，研究工作很出色。英国皇家学会打破了200多年来从不吸收外国人为会员的规矩，破例吸收了卡皮察。

1934 年，为探望母亲，卡皮察返回苏联，再没到英国去。苏联政府把卡皮察使用过的全套设备从英国买了回来，建立了一个物理研究所。

1938 年，卡皮察发现，当温度从 −269℃ 下降到 −271℃（仅仅下降 2℃）的时候，液态氦突然变成了一种从未见过的液体。他把这种液化氦叫作"氦Ⅱ"。

为了测量氦Ⅱ的黏滞性，卡皮察用一种方法强迫氦Ⅱ从两块平滑的光学玻璃片通过，两块玻璃片之间缝隙极其微小，氦Ⅱ竟以无法测定的速度通过了缝隙。后来，其他科学家也发现氦Ⅱ很容易流过直径只有几分之一微米的毛细管。氦Ⅱ的黏滞性只是水的十亿分之一，几乎等于零。

这种超流动性，就简称超流。

在$-271℃$和$-272℃$的时候，氦Ⅱ没有摩擦力，没有黏滞性，也没有表面张力，能顺畅地通过微孔——万分之一厘米的微孔。千万不能把氦Ⅱ装在没上釉的陶罐里、陶壶里，这样它会从那些看不见的微孔中流走。这时的陶罐、陶壶不再是容器，而成了"过滤网"，大漏特漏。因此，最好把氦Ⅱ装在玻璃容器里，不过，它又会沿着容器的壁向上爬，像刚才说的，从内壁爬向外壁。

氦Ⅱ的超流现象还有奇怪的哩。一般的液体，比如一桶水，手提水桶，转动水桶，桶中的水会随着桶转动。而氦Ⅱ却不，慢慢地转动容器，氦Ⅱ不随着容器转，而是静止不动。如果液面上放一根指针，让指针指向北极星，无论怎么转动，指针始终指向北极星。这就是说，桶动它不动，而且是相对恒星静止不动。许多科学家的实验证实了这一怪现象。

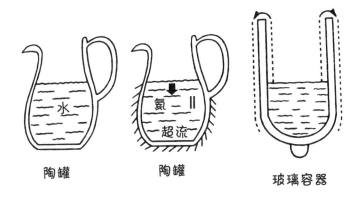

超流最奇特的现象是喷泉效应。这个实验请看参考图，图中容器中盛着一些氦Ⅱ，其中放着一个类似眼药瓶的管子，管口很细，管内装满了黑色的金刚砂粒，金刚砂很细，用棉花塞堵紧。用手电筒的光（并不强的光）照射时，黑色金刚砂吸收了热，温度稍稍提高，氦Ⅱ就

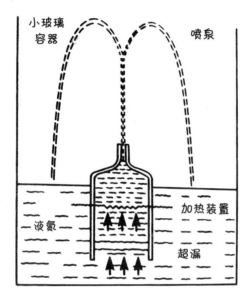

涌入"眼药瓶",从管口向高处喷射出来。这个小喷泉可喷到 30 厘米高,与小容器相比,可称得上壮观了。

为什么液氦的个性那么特别?

至今仍是一个没有结论的秘密。有人认为,液氦虽然是液体,但具备气体的特点。液体密度比气体大得多,原子之间的间距小,而液氦的密度并不大,很小,只是水的 0.08~0.14 倍,原子之间的间距大。看起来,液氦很像气体,却又不是气体,气体会充满整个容器。

在这篇短文里,我们很难把这个问题说清。

它仍然是一个需要深入研究的问题,超流现象中提出的为什么,包含着许多个不知道,仅仅用经典物理学已无法解释这些怪现象。科学家们早已看出来，是量子力学在起作用，这正是超流现象吸引人的地方，吸引着当代的科学家，必然也会吸引着未来的科学家。

　　说不定哪一天，通过超流现象的研究，基础理论会有所突破；说不定哪一天，超流现象会启示人们搞出个新发明来。

电子可能是一根振动着的小弦

最近 100 年，绝大多数物理学都认为，电子是粒子，是一个点，一个小不点。可最近几年，忽然有人创造了一种新理论，说电子不是点粒子，而是一根振动着的小弦。

说起弦，常常会联想到胡琴、小提琴上的弦，演奏每根弦可以发出不同的声音，演奏同一个音符 C，胡琴的声音和小提琴的声音是不同的。

在微观世界里，不仅电子是一根振动的小弦，而且质子和夸克等微小的粒子也都是由弦构成的。2 个或 3 个夸克之间相互作用，就好像是用橡皮筋连接在一起，运动起来就像一根扭动的弦。

这些说法来自新理论：超弦。在这个理论中，电子、质子、夸克等等粒子都是由弦构成的，意思是说，构成物质的基本单元是"弦"。不存在很多种弦，只有一类弦。一类弦可以完成不同模式的运动，就像乐器中一根弦可以奏出不同的声音那样，形成了各种不同的物质。

听了这些话，第一印象是难以理解，玄而又玄，却是超乎寻常，令人相信这是合乎科学发展的逻辑。

17 世纪，牛顿发现了万有引力，完满地解释了苹果为什么落在地上，月球为什么会绕着地球转。到了 20 世纪，科学研究的对象不再是看得见的苹果、月球和地球，而是电子、中子、质子和众多看不见的微小粒子，仅仅依靠万有引力已经不够了。于是出现爱因斯坦的相对论和量子力学。这两种学说都被证明是正确的，却又往往是各说各的，互不相容，说不到一块。

长期以来——整个 20 世纪，有一个问题最让物理学家头痛：如果把电子看作点粒子，认真计算它的电场和引力场，就会计算出电场和引力场都存在着无穷大的能

量。显然，这是不可能的。用量子力学来计算，又看到电子的图像有些模糊，世界上的一切都变得模糊起来。

尽管头痛，物理学家还是找到了一种理论：超弦。在超弦理论中，电子不再是点粒子，它是一根振动着的小弦，这解决了电子能量无穷大问题。实际上，所有的基本粒子都存在着与电子相类似的问题，超弦理论能够干净利索地处理所有基本粒子的相互作用和无穷大问题。

许多物理学家都认为，超弦理论实现了理论大统一，是一种包罗万象的理论。新闻媒体发表消息说：物理学迎来了第三次大革命。

超弦理论的问世，也给我们留下了一些难以想象的问题。生活经验告诉我们，我们生活在四维时空之间。时空，也就是时间和空间。计算一间房屋的空间，只需要知道长、宽、高三个数就够了。这是一个三维空间，大到宇宙空间也是三维，时间算一维，就成了四维时空。

可是，超弦理论要求有一个十维时空的背景。你能想象得出来，那多出来的六维时空是个什么样子吗？

什么样子？

这是目前不知道的问题。在现实生活中，我们只能感受到四维时空——4个自由度，而那多出来的6个自由度卷缩起来了。

怎么理解"卷缩"？有一个很好的例子。有根软水管放在地上，远远看去，水管就像一条弯弯的曲线，P点只是一个点，它是一个自由度；走近再仔细看的时候，却是绕着管子的一个环。因此，我们在生活中看到的点，实际上是另一个空间轴上的小环。

多出来的6个自由度就那么自动卷缩了。再说，这些自由度都非常细微，你是看不到、感受不到的。

我们生活在三维空间之中，这是一个大而开放的空间。超弦理论中那些多出的维数卷成的小环有多大呢？或者再问，既然电子是根振动的弦，这根弦又有多大呢？

　　弦没有任何内部结构，科学家相信，弦的大小是

$$\frac{1}{100000000000000000000000000000000}$$ 厘米。

　　分子是 1 厘米，分母是个 33 位数，我们很难想象这是多么小，只能做一些比较。原子够小的了吧，原子核比原子更小，弦大约是一个原子核的十万亿亿分之一。拿原子核与弦相比，大约相当太阳系与一个原子相比。这大概是比较形象的描绘了。

　　由此又引出一个问题来，将来有一天，我们会不会拥有先进的仪器，能够直接观测到弦呢？

　　回答是原则上可以，现在却不行。

"原则上可以"的意思是说，可以造一个大的加速器，比现有的加速器快 10 倍的加速，就可以观测到令人感兴趣的弦。"现在不行"的意思是说拿不出那么多钱来，需要的钱是一个天文数字，即使把所有的国家的钱加在一起也还是不够。

这两句话明确告诉我们，超弦理论到目前为止仍然是一种理论，暂时得不到验证。没有观测数据，理论是不是可靠，这就包含着风险，这当中包含着的未知因素无疑是很多的。

科学家仍然在研究超弦理论，目的就是要把未知变已知，把不知道变成知道。

从超低温走向高温

　　超导的故事，开头部分十分精彩，开阔了人类的眼界，看到了一个神奇的世界。故事说，在-269℃的时候，水银的电阻突然消失了，这叫超导。

　　这是违反常识的现象，电流通过导体，总会遇到阻力，阻力大的时候，导体会发热，这就是电炉中的电热丝。白炽灯泡里的钨丝电阻更大，热得发出了白光。

　　可是，从1911年开始，科学家昂内斯却说，他发现了超导现象，电会在导体内不停地流动，不停止，也不损耗。

　　于是，超导的故事开始了。随后，故事不断卡壳，遇到了一连串"不知道"，故事讲不下去。第一个"不知道"是：为什么会出现超导现象？

　　这需要科学家从理论上加以说明。理论是行动的指南，有理论才能明确方向，有好几位科学家做过探索，有些进展。到了 1950 年，有位名叫巴丁的科学家被超导研究吸引了过来。巴丁，就是发明了晶体管的那位巴丁，是诺贝尔奖获得者。他与两位青年科学家联手，共同创造了一个理论叫 BCS 理论，BCS 分别是他们三人姓氏的第一个字母。

有了 BCS 理论，解除了人们对超导的各种疑团，了解了超导的秘密。这时，超导的故事进入了诱人的阶段，想到了将来有一天，利用超导的原理，可以把三峡的电毫无损失地送到上海、香港；火车悬浮在铁轨上毫不费力地达每小时五六百千米的速度……

美好的故事又卡了壳。经过 75 年的研究，超导现象仍然只能在极低的温度下实现。从最初的−269℃，只提高到−250℃。那么低的温度，只能利用液氦来实现。而空气中的氦十分稀少，把氦收集起来制造成液氦，设备非常复杂，制造费用很贵，贵得叫人用不起。

于是，人们开始寻找新的超导材料，希望能在−196℃以上的温度里实现超导。如果实现超导的温度能提高到这个程度，那么制造冷的液化气体就可以把氦换成氮。空气中的氮很多，来源十分丰富，制造液氮的费用也低，比较实用。

BCS理论没有能提供帮助，还有人说要在液氮环境下实现超导是不可能的。超导现象暂时停留在实验室里，诱人的应用前景仍然是幻想。

新的超导材料应该是什么东西？这仍然是个不知道的问题，科学家靠自己的经验去寻找新材料，经验也不是可靠的经验，有不少盲目性。探索中出了两位人物：瑞士的柏诺兹和缪勒，他们于1986年初宣布，一种陶瓷性的金属氧化物在−243℃会出现超导。

这真是富有戏剧性的变化。多年来，实现超导的温度1℃也没有提高过，而这两位瑞士科学家却一下子提高了7℃。这一消息，给物理学家打了一针兴奋剂，重新掀起了研究超导的热潮。大家心里明白了一些，知道了应该去寻找什么材料，那就是沿着瑞士人打开的路走下去。

超导的故事开始热闹了起来。各国的实验室、夜以继日地工作，像赛跑似的加紧研究。首先取得成果的人是美籍华裔科学家朱经武，他宣布，金属氧化物确实是一种新的超导材料，他在−233℃的时候实现了超导。这个温度，比瑞士人的记录又提高了10℃。

过了两个月，1987年2月15日，朱经武的研究又把实现超导的温度提高到−175℃。这个消息是由美国国家基金会宣布的，至于是采用了什么材料，不说，有意不让人知道，这也是一个"不知道"。

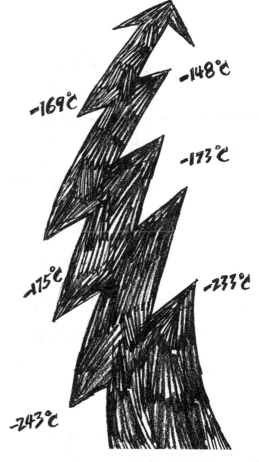

　　事隔 9 天，中国科学院召集中外记者开了个新闻发布会，宣布物理研究所的赵忠贤、陈立泉等十几位中国科学家找到了新的超导材料，实现超导的温度在 $-173℃$ 以上，材料成分是钡、钇、铜、氧。

　　在此以后，新的纪录不断传来，$-169℃$，$-148℃$，实现超导的温度在不断上升。于是出现了"高温超导"这个名词。$-169℃$ 比 $-269℃$ 高出 $100℃$，当然是高温了。

　　这是一次腾飞，一次重大科学成就。超导的故事已比较完满了，是不是应该转过头来，去研究一下怎么应用，用超导现象来搞发明，设计新产品？

　　然而，超导的故事还有一串"不知道"。

　　首先，人们还说不清高温超导的机理，用我们中学生的语言来说就是还不知道为什么会出现高温超导这一奇异的现象。说不清道理，实际应用就很难再向前发展。

　　目前，比较有影响的解释是苏联科学家博古留博夫的超导理论。这个理论认为，在低温条件下，一些金属和化合物的原子被"冻僵"了。因此通电时，自由电子便会畅通无阻，不会像原来那样处处受到碰撞和阻碍，为此便产生了超导现象。不过，这种理论也没有得到很好的验证。有些疑问，始终萦绕着科学家们：既然原子能被"冻僵"，那么为什么有的物体有超导现象，而有的物体则没有？在超导材料中，为什么有的临界温度高，有的临界温度低……

再一个问题是：实现超导的温度还能不能再提高？能不能提高到 0℃度以上，提高到 20℃，也就是室温？

还有，现在在实验室里实现的超导，电流密度很小，达不到实用所需要的水平，以后能不能达到？

超导材料的品种能不能更多一些，有机物、生物体能不能超导？

这都是"不知道"。

正因为有一连串"不知道"，才会吸引人们去研究、去探索。

绝对达不到吗

若要问最高温度是多少，没有人能说出一个准数来。原子弹爆炸的温度够高的了，氢弹爆炸温度更高，原子弹只不过是氢弹的"引信"；列举出地球上所有的最高温度，也比不过太阳，太阳中心的温度高达2000万℃。高温和更高的温度只是相对而言，上不封顶。

若要何最低温度是多少，科学家们敢说：是−273.15℃！绝对不会有比这更低的温度了，往下封了底。

−273.15℃就叫作"绝对温度"。

一个"绝对温度"带来两个未知问题：科学家说低温是有尽头的，那是200多年前从理论上作出的判断，难道这个−273.15℃就真的是不可能突破的关口吗？达到绝对温度的时候，会出现什么难以预测的未知现象吗？

首先，我们来回顾一下，人们怎么会想到绝对温度。大约在17世纪末，科学家们就发现，气体的体积与压力和温度都有关系，不论是加大压力，或者是降低温度，气体的体积都会缩小。到了18世纪末，已经测出了气体体积缩小的数字，一定量的气体，在0℃时测出它的体积，保持压力不变，温度每降低1℃，气体的体积就会缩小1/273。

按照这个说法，温度降到−273℃时，气体的体积岂不是要变成零了？这是不可能的。又过了几十年，科学家换了一种说法，说气体的温度是分子运动的结果，分子相互碰撞才产生热。物体有温度，是因

别再找了，我已经是最低温度了。

为分子、原子在运动，运动得越快，温度越高；反过来，分子、原子的运动减弱就越来越冷，越冷越不动，最后达到−273℃的时候，分子就完全停止运动了。于是，这个温度就是世界上最低的温度。

既然没有比−273℃更低的温度，就应该是零度，绝对零度。英国科学家开尔文就打了个新温标"K"，绝对零度记作0K。后来确定精确的绝对零度应该是−273.15℃。

19世纪，科学研究中产生一个需要：把气体变成液体。科学家发现，用加大压力和降低温度的办法可以把气体变成液体。

科学家首先把氨气变成了液体，于1835年获得了−110℃的低温，使很多气体冷却为液体，取得了初步的胜利。科学家开始制造冷，希望制造出越来越冷的温度，向绝对零度进军。进军的过程并不顺利，有些大家熟悉的气体，如氧、氢、氮很难对付，无论施加多么大的压力也还是气体，不液化。有人甚至怀疑，氧、氢、氮等等气体无法液化，是"永久气体"。

到了 1869 年，爱尔兰的安德鲁斯发现，"永久气体"不永久，每种气体都有个临界温度，高于这个温度，无论加多大的压力，气体也不液化。工作的目标应该是改进制冷技术，获得更低的温度。

经过几十年的努力，氧、氮、氢都被液化了。液化的临界温度很低，氧气为－118.8℃，氮必须降到－147.16℃，氢气必须降到－253℃。

在制造冷的过程中，有两位科学家值得说一下，一位是英国科学家杜瓦，为了保存液化气，他发明了杜瓦瓶。杜瓦瓶用夹层玻璃制成，夹层之间是真空，玻璃上涂了水银，装着液化空气可以保存很长的时间。杜瓦瓶的作用是阻止瓶外的热进入瓶内，后来人们把杜瓦瓶改装成保温瓶。

另一位值得称赞的科学家是荷兰物理学家昂内斯。他对低温抱有浓厚的兴趣，在莱顿大学建立了一个低温

实验室，设计了一套精巧的装置，终于把世界上最顽固的气体——氦变成了液体。这时，他已制造出逼近绝对零度的温度，仅比绝对零度高 4.2℃。后来，昂内斯又获得了 0.7K 的低温。

达到超低温以后，出现了两个未曾想到的现象：超导和超流。1911 年，昂内斯发现，在超低温的条件下，水银和铅等金属的电阻消失了。从此，开始了对超导现象的研究，吸引着科学家去研究怎么利用超导。

奇怪的现象还不只是超导，还有超流。1938 年，卡皮察发现有一种液态氦，能沿着杯壁向上爬，爬到了杯外，这叫超流现象。

超导，超流，这已经够奇异的了，没想到还有一件新奇事。1924 年，印度的欧森写了篇文章提出光子水化的理论，爱因斯坦看了以后同意他的看法，并且把文章翻译成德文。光既是光波，又是粒子——光子。欧森说的光子水化是说光子可以转化成水。

爱因斯坦认为光子水化是对的，应用到原子上会产生一个新理论：很多原子即使没有相互吸引的作用，彼此也会相互连接起来。很多人不相信，大家认为，气体为什么会变成液体，那是因为气体的分子在相互吸引，吸引力太大了，就连接成了液体。而爱因斯坦说，没有吸引，气体也可以变液体。

这个说法可靠吗，能变成现实吗？

欧森-爱因斯坦说，要实现这个理论，要求接近绝对零度的低温，需要达到一亿分之一K（0.00000001K）。

问题又回到了制造超低温上来，越是接近绝对零度，越发困难。随着技术进步，又得到了越来越低的温度。

1933 年，达到 0.25K；1957 年，达到 0.00002K；1995 年，通过一系列巧妙的方法，已经可以达到 0.00000001K（一亿分之一）。

这时，人们已在期待光子水化现象出现，会不会出

现，目前还不知道。

我们相信会出现，那么出现以后会带来哪些应用？

不知道！

我们只能说，一定会有很多很大的用处。

自杀，还是他杀

　　火车有汽笛，轮船也有汽笛。火车的汽笛声调高，发出尖锐的啸声，提醒人们赶快闪开；轮船的汽笛声调低，低沉得显出缓慢，意在提醒远处的船只，注意小心。人们并没有在意到，轮船汽笛声可以传到 16 千米以外的海面上。

　　这时候，汽笛声的频率为 26 赫兹。如果声音的频率再低，降到 20 赫兹以下，人的耳朵就听不见了。这种声音叫"次声"。

　　在大自然中，地震和火山爆发的时候会出现次声；海浪冲击，海上出现风暴的时候也会出现次声。次声是人耳听不见的声音，于是就引出了一些不知道的故事。

　　在这些不知道的故事中，有说到百慕大三角的，说

那么多海船在这个魔鬼三角遇难，都是次声造成的。有说鲸的集体自杀不是自杀，而是他杀，祸首就是次声。

这里，先说说鲸的集体自杀。关于鲸的集体自杀事件，报道很多很多。这里列举几件：

1970 年 1 月 11 日，美国佛罗里达州附近的海面上，150 多头小逆戟鲸突然冲上沙滩，人们试着把它们拖回大海，可是鲸一次一次冲向沙滩，全部死亡。

1979 年 7 月 17 日，加拿大欧斯峡角海湾也发现鲸冲上海滩，135 头巨头鲸躺在沙滩上，渔民们开足水龙头，企图把鲸赶回大海，可硬赶不回去，所有的鲸"自杀"而死。

在我国、在澳大利亚的海滩上，也出现过鲸的集体自杀事件，场面十分悲壮。

鲸的逃生本领十分高强，曾经有一头长达 6 米的白鲸，误入莱茵河，游到了德国的波恩，德国人起了活捉白鲸的念头，发射了麻醉弹，阻截捕捞，到头来也没捕到，白鲸又从莱茵河游回大海去了。

鲸的集体自杀的确令人难以理解，有人说是鲸的神经错乱了。可是，说一头鲸神经错乱还马马虎虎，说上百头鲸同时神经错乱，就说不过去了。还有人说是误入浅滩，既是"误入"，为什么不退回去，还大批大批冲上沙滩，拒绝解救？

生物学家对鲸的自杀之谜做了分析，研究了133件自杀事件，发现参与自杀的鲸有26种。鲸的自杀没有特定的地域，世界上任何一个海滩都可能是它们自杀的地点。自杀的场地大多是水下有淤泥或是有砂石的海滩，时间大多在风暴来临以前。

原来鲸在水中游，测方向，了解周围的情况，主要不靠眼睛，也不靠耳朵，而是靠向海底发出声音信号，根据回声来测定方向、位置和深浅。在回声测位系统受到干扰而无法判断方向时，就会乱游，误以为游过浅滩就是大海，谁知竟搁浅了。

一头鲸搁浅了，

它还会发出遇险信

号。鲸具有保护同类的本能，接到信号就会赶来救助。

1955 年，就有人观察到这种现象，有一头雄鲸受了伤，

陷在礁石上，鲸群都在附近游动，不肯离去，有几头鲸

游到了岸边。暴风雨降临了，66 头鲸冲上了海滩，陷入

惊慌和混乱，最后惨死在海滩。

　　这类事件引起生物学家的思考，到底鲸是自杀，还

是他杀？

　　这就引起许多推论。有许多报道，主要集中宣传：

可能是一头鲸遇险，遇险信号召来了一群鲸，搁浅以后

窒息而死。还有一种说法是次声造成的灾难。

次声确实是与海洋风暴联系在一起的，次声给鲸的伤害，是次声破坏了鲸的回声测位系统呢，还是直接损害了鲸的躯体？这也还是不知道答案的疑问。

不过，次声对人会造成伤害倒是确实的。1968 年的一天，在法国的马赛，有几十个人在田间劳作，突然间莫名其妙地失去了知觉，有的躯体散了架，有的血肉模糊了……后来，才知道这是一次事故。在 16 千米以外，法国国防部曾进行了一场次声武器试验，由于防范不严，次声泄漏，波及 16 千米以外的人了。

次声造成的事故，早在 20 世纪 30 年代还有过一次，美国一位物理学家把次声发生器带入剧场，结果周围的观众遭受到次声带来的灾难，表现出惊慌不安、迷惑不解的神情，最后所有观众都受到了影响。

次声能对人体造成伤害，间接证明了鲸的自杀，并非是自己想死，而是被次声杀死的。次声，为解开鲸自杀之谜增添了一个可选择的答案，同时也使人类增添了

一种忧患：次声，会不会成为杀人武器？

事实上，早有人进行过研究，肯定了次声武器的长处，发射次声，耳听不见——无"声"无息，不容易被发觉。次声传播的距离特远，可以形成远距离偷袭。次声只伤人，不损坏装备，对汽车、坦克、大炮无损伤，打了胜仗有战利品……

制造次声武器，造多大才好呢？造成次声枪，枪小次声弱，不会伤害人；造成次声炮，也还不够大，次声武器的口径必须在 100 米以上，这个大家伙，就很难搬上战场。再说，次声会不会误伤自己人……

次声会不会成为武器，还很难说。

纳米——1米的十亿分之一

古代有个传说，昆仑山的顶峰上有棵参天大树，不知有几千丈高，树顶直插蓝天，谁要是能够沿着这棵大树向上爬，爬到树顶，就能进入天庭。这棵树就是上天的天梯。

古人想上天，却不知道怎么上天，这才想出天梯这个主意。现代人对天梯做了分析，1982 年，科普作家朱毅麟在《我们爱科学》杂志

上说，上天的天梯应该有 35800 千米高，谁要是爬到了梯子顶上，就再也不会坠落。这个人就成为一颗地球同步卫星，待在天上了。

朱毅麟又说，几万千米高的梯子底部必须是直径 358 千米粗的柱子，才能支撑得住，才不会被自己的重量压弯。天哪，底座那么粗，竟相当一个江苏省的面积。

到了 20 世纪 90 年代中，一位外国科学家也谈到了天梯。他说，从同步卫星上扔下一副绳梯来，一直垂到地球表面，人就可以顺着绳梯爬上天去。他说的绳梯，不是麻绳，也不是尼龙绳，普通的绳子都很重，支持不住自身的重量——35800 千米长的重量。采用碳纳米管来作绳梯，就能支持得住自身的重量。

碳纳米管是一个十分新鲜的名词。碳，你是熟悉的，做铅笔芯的石墨就是碳，很纯的碳。碳纳米管是指用碳做成的细管，这种管子很细很细，细到不能用普通的尺子来度量，必须使用精确到纳米的尺子。

纳米，是 1 米的十亿分之一。十亿分之一，没有一个形象的概念，不妨算算看：一个身高 1 米的儿童，假如身高缩小到千分之一，也就是 1 毫米的时候，就只能与一个句号（。）比高矮了；再缩小千分之一，成为 1 微米，就没有头发丝粗了，一根头发丝还有 70 微米粗哩；再缩小千分之一，那么这个儿童就小得用电子显微镜都看不见了。

　　纳米的尺度的确很小很小，人眼是看不清的。最近一二十年，随着新型显微镜的出现，人们看得清只有 1 纳米大的物质了，看得见原子了，于是就出现了一门新技术：纳米技术，或者是毫微技术。

　　碳纳米管就是用纳米技术造出来的新材料，了解它们特性的专家说，它们可能成为未来理想的超级纤维。

　　1985 年，美国科学家克劳特和斯莫利等用激光束去轰击石墨表面，意外地发现了碳 60。他们分析，它是一个由 60 个碳原子构成的空心大分子。对不对呢？当时还

不能十分肯定。

1990 年，科学家用最新的显微镜——扫描隧道显微镜进行了观察，看到了碳 60 的直观形象。碳 60 的外形，特别像一个足球，中心是空的，外边围绕着 60 个碳原子，碳原子组成了 12 个五边形和 20 个正六边形。碳 60 有一个别名：巴基球，一个巴基球的直径是 0.7 纳米。

科技人员很快就发现，碳 60 可能是实现超导的好材料。我国北京大学对碳 60 进行研究，把实现超导的温度提高了将近一倍。

人们对巴基球给予了更大的期望，并且以极大的兴趣发现，巴基球还可以做得更大，再增加 10 个碳原子，还可以做成碳 70。有人认为，如果不是只用 60 个碳原子，而是用 9×60 个碳原子制成碳 540，那么在室温条件下就可以实现超导！

能不能实现？怎么实现？请把这个问题记在心中。

碳 60 的发现已经获得了诺贝尔化学奖。科学家们又在想，碳原子不仅可以排列成足球的形状，而且可以排列成圆筒形。球形只能扩大，成为越来越大的球；圆筒形却可以加长，越加越长，成为一根纤维。

现在，碳纳米管已经制成，它的直径是 1.4 纳米，每一圈是由 10 个六边形组成的。要进一步增强它的强度，需要做到长度跟直径之比达到 20∶1。

碳纳米管的出现，为制造天梯带来了希望。不过，眼前的碳纳米管的数量少得可怜，在实验室里，一次只能制造几克。而当作材料来使用的话，碳纳米管必须每次能制造出几吨或几十吨。这就意味着必须找到大量生产的新方法。

科学家预言会找到新方法，不过他们又坦率地说，现在还不知道找到新方法是一个什么样的过程。请把这个问题记在你的心中。

碳纳米管是靠纳米技术制造出来的新材料，它的特点是基本颗粒特别细微。我们现在使用的常规材料的基

本颗粒，看起来很细，实际上很粗。说细，也许它的直径可以细到几毫米、几微米；说粗，是说它含几十亿个原子。而纳米技术生产的材料，颗粒非常细微，只含几十个到几万个原子。

超细微的颗粒组成了纳米材料，立即展现出种种奇异的性能：

纳米铁的断裂应力比常规铁一下子提高了 12 倍；

纳米铜的强度比常规铜高 5 倍；

纳米陶瓷是摔不碎的；

用纳米级微粉制出来的录像带真正地实现了高保真，图像清晰，噪音少；

常规材料的历史是几千年、几百年，而现在的纳米材料，历史只有几年、十几年。对常规材料，我们已很熟悉，知道的比不知道的多；对纳米材料，我们非常陌生，不知道的比知道的多。

毫微意味着什么

1959 年，美国物理学家费曼说，如果把大头针的针头放大 2.5 万倍，它的面积就相当 24 卷大英百科全书全部书页的面积，足以写下这套百科全书的内容。话说到这儿，听起来也是平平常常，毫无惊人之处。

没想到，费曼反过来说，不是把大头针放大，而是把大英百科全书缩小，也能写到一个针头上。听到这儿，又好像是一派狂言。

费曼不是狂人，1955 年曾获得过诺贝尔奖，他在严肃地想，如果能够以原子水平控制物质，就能做到这一点。是他，提出了纳米技术的概念。当时，他只是提出了这个概念，还不知道怎么去实现纳米技术。

20 年后，纳米技术才真正兴起，在美国和一些国家

开展起来。中国科学院化学所用自己研制的扫描隧道显微镜，在石墨晶体表面刻写出一幅中国地图，刻写出"CAS"3个字母，这是中国科学院的英文缩写。这两幅图像和文字，线条的宽度只有 10 纳米。内行人一想就想得到，采用这样的技术，可以把《红楼梦》这部小说全部刻到一枚大头针的针头上。

在美国，也有惊人的消息，实现了操纵单个的原子，国际商用机器公司（IBM）的科技人员也是利用扫描隧道电子显微镜，通过针尖似的工具移动氙原子，组成了"IBM"3个字母。提请读者注意，每个字母的长度只是5 纳米。

在取得成功以后，他们又成功地移动铁原子，用铁原子写成了两个汉字："原子"。

费曼真够大胆的，在丝毫不知道怎么去实现自己的想法时，提出了纳米技术的概念。而真正动手做起来的人却是一位工程师。他名叫德雷克斯勒，1976 年的时候，在图书馆里看到了遗传工程的书，萌发了一个念头，应该造一些微型机器人（尺寸应微小到纳米级）去控制DNA。很快，在德雷克斯勒周围形成了一个小组，而且影响日益扩大。

制造微型化的机器人，首先应该有微型化的机器，近似幻想的思想像潮水般涌了出来，神话般的小机器花样翻新。

首先，我国留学生冯龙生等在美国制成了一台静电马达，宽度不到1毫米，马达转动的情况只有在显微镜下才看得到。这一消息引起国际震动，许多国家重复了他们的实验，确认这是成功的杰作。

日本丰田公司造了一辆微型汽车，大小只相当于一个米粒。该车造得十分精巧，车上还有防撞器，连标志、车牌也有。只是重量太轻，只有62毫克。包着车胎的轮子也太小，放在地上开动起来很困难。不是机器有毛病，而是分量太轻，车轮和地面的摩擦力太小，老打滑，只

见轮子转，不见汽车走。参观的人打个喷嚏，就相当一阵台风，把车吹翻。

德国物理学家埃尔费尔德做了一架直升机。重量不到半克，能升到130毫米的空中。他说："这是个滑稽的玩意儿，但其中包含严肃的目的。这架直升机表明，制成高性能的发动机是可能的。到那时候，这类东西就不再是玩具了。"

除了米粒大的汽车、黄蜂大的直升机以外，科学家手中还有一些新奇的玩意儿，包括蚂蚁大小的人造昆虫、铅笔头大小的发动机（转速高达每分钟 10 万转）……

似乎出现了一股微型化的热潮，它的发展前景会是什么结果呢？目前还说不清。发明蒸汽机的时候，瓦特没想到跟随蒸汽机出现的是一场工业革命，手工作坊变成了大工厂。微型机器的出现，纳米技术的兴起，会给我们带来什么影响呢？

不妨大胆地想象一下，就像在科幻小说中见到的那样做一点简要的叙述。

大量微型机械的出现将会导致微型机器人的出现。这批微型机器人不是全能的机器人，而是各有专长，有的是工人，专门制造微型汽车、微型飞机和微型计算机等，而另一些却是医生的助手……

医生出诊的时候会在小小的针盒里装上一大把机器人。根据病人的情况，或者请他吞下一些机器人，或者从皮肤上切开一个小口子，把机器人送入病人的身体里，

去清除堵住血管的血栓，去剥离癌变细胞，去切除无法保留的一个肾。机器人在身体内部动手术，部位精确，伤口小，避免了大开刀的危险。

纳米技术能直接用单个原子制造材料，造出来的金属、陶瓷的性能发生了巨大的变化。建造一座大桥，不再使用钢梁，只需要一些钢丝。钢丝太细，在远距离的地方甚至看不见这座桥，不得不设法引起人们对这座桥的注意。

这些想法，将使纳米技术进入应用阶段。可是，在进入应用以前，还需要解决许多至今我们不知道的现象和理论。

就拿米粒大的汽车来说，它很轻，摔在地上倒是摔不坏，可就是无法借助摩擦力跑起来。这是人们想不到的。

也许我们可以趁着思想活跃的时候，想一想纳米技术会带来哪些美好的前景。如果你想得很细致，那么你就可能会发现不知道的问题在哪里。

真的超过光速了吗

汽车跑得快，飞机比汽车快，火箭更比飞机快，不论怎么快，都比不上光的速度快。光的速度是每秒钟 30 万千米，从月亮上反射回来的光，只需要 1 秒多钟就能到达地球。

30 万千米，只是一个近似数，精确的数据为每秒 299792.458 千米，而且，这是在真空中的传播速度。

光速还有一个特别的性质，叫作光速不变。这一点，与我们在学校学的经典物理学不同，物理老师教给我们的速度是相对速度。一辆红色卧车和一辆白色卧车同时同向同速在高速公路上行驶，站在公路边的人看到两部车的速度都非常快，并排飞速行驶。而坐在红车里的人看到的白车，却好像静止不动；如果红车忽然加速，红

车上的人看到白车在倒退。同一件事，不同的人，看到的速度却不相同。

爱因斯坦的相对论告诉我们，不论光是从静止的灯塔里发出来，还是从高速运动的火箭中发出来，速度都是每秒 30 万千米。无论你站在地面静止测量，还是在宇宙飞船中测量，光速也是每秒 30 万千米。光速不受光源运动速度的影响，也不受观测者运动速度的影响。

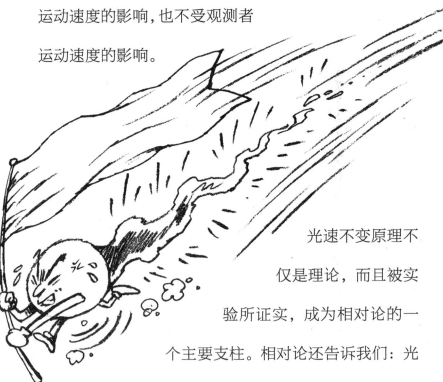

光速不变原理不仅是理论，而且被实验所证实，成为相对论的一个主要支柱。相对论还告诉我们：光

速是最大的速度，任何物质的运动速度都不能超过光速。

光速是极限，不存在比光速更快的速度。爱因斯坦列出一个公式，说明物体的质量会随着运动的速度而增加。在日常生活中，因为运动的速度太小，质量增加也非常小，这是可以忽略不计的。发射通向火星的探测器，速度可算是快了，达到每秒 11 千米，100 千克的物体也只增重 0.35 毫克。

可是，爱因斯坦的公式说，当物体的速度接近光速的时候，物体的质量就会增加到无限大。质量无限大，就是说要多重就有多重。要使质量无限大的物体增大速度，就必须用无限大的力。上哪儿去找这个无限大的力呢？

宇宙中没有一个力是无限大的，也就无法使质量无限大的物体增大速度，怎么还可能超光速呢？绕了一个弯，最后回到了主题：一切物体的运动速度都达不到光速，更不能超过光速。

如果有一种物体的运动速度超过了光速，相对论就不对了，就有必要加以修正，也可能被推翻。

在日常生活中，人们找不到超光速的现象。那么在茫茫的宇宙深处，在细微的基本粒子中间，会不会有超光速现象呢？

高能粒子运动的速度是非常快的，在加速器中，运动速度可以达到每秒 20 万、25 万千米。那么其中会不会有超光速的粒子呢？

1934 年，苏联科学家切伦科夫发现一个现象：光在水中传播，速度要比真空中慢，可是高能粒子在水中的速度，就会超过光的速度。这时，粒子就会拖着一条发光的尾巴、一条淡蓝色的尾巴。切伦科夫观察到了这种现象，并且被其他科学家证实，由此也产生了用来观测粒子速度的仪器。

这一现象使人们打开了眼界，认为自然界存在着超光速的粒子，就把它叫作"快子"。有的科学家认为，自然界的粒子分为三类：慢子、光子和快子。

慢子的速度超不过光速，光本身就是光子，速度是每秒 30 万千米，快子的速度超过光速。以光速为界线，存在两个宇宙，一个是"慢宇宙"，一个是"快宇宙"。在慢宇宙中，粒子超不过光速，而在快宇宙中，粒子的运动都是超光速的。

那么自然界是不是存在着快子，又如何去观测快子，就成了一个谜。

谜底暂时还不知道，如果存在快子，就应该与切伦科夫的观测相吻合。

说过微小的基本粒子，再来看遥远的星空。在银河系以外，科学家发现了一种天体，用射电望远镜接收到了它们发出的无线电波，制成相片，看上去有点像恒星。既然类似恒星，那就叫作"类星体"。

对类星体进行观测，科学家发现，类星体存在着超光速现象，先是发现一个叫 3C120 的类星体在膨胀，膨

胀的速度达到光速的 4 倍。遥远的天边竟有这么奇异的现象。

后来发现，有的类星体包括两个射电的子源，两个子源以很高的速度分离。类星体 3C345 分离的速度是光速的 7 倍。这是通过长达 7 年的观测才确定的分离速度。另一个类星体，两个子源的分离速度竟是光速的 10 倍。

面对观测结果，科学家的认识发生了分歧，产生了种种的看法。

有的人相信相对论，就说这种现象虽然存在，但是并不反映真实运动，而是一种假象，应该称作视超光速膨胀。也就是说，只是看起来是超光速了，实际却不是。

有人说，问题出在类星体离地球多远。如果像原来估计的那样，类星体离地球很远很远，那么类星体的分离速度的确是超光速了。可是，如果距离地球不是那么远，比原先的估计要小得多，那就不存在超光速，超光速的现象根本不会发生。

可是，有许多证据说明，类星体的距离确实处在原先估计的距离上，肯定存在超光速现象。

目前，已有好几种理论来解释超光速现象（或是视超光速现象），都不是令人满意的说法。超光速之谜还没有谜底呢！

鸡毛比铁球先落地

鸡毛轻，铁球重，从同样的高度向下落，是鸡毛先落地，还是铁球先落地？

答案有三个：一、铁球先落地；二、同时落到地上；三、鸡毛先落地。

读者请先想一想，然后再做出选择。这里先说一下，这是一个古老的问题，提出问题的人是大名鼎鼎的古希腊哲学家亚里士多德。

公元前300多年的时候，

亚里士多德说，物体下落的快慢与它的重量成正比，重的物体落得快。这样，铁球比鸡毛重，自然是先落地的了。这是第一种答案。

由于亚里士多德被西方人尊奉为科学权威，在长达1900多年的时间里，没有人怀疑过亚里士多德的说法，直到16世纪才有人出来推翻亚里士多德的答案。

这个人是大家熟悉的伽利略。伽利略在《两种新科学的对话》中，用两个人对话的形式，做了一段精彩的推理，推翻了亚里士多德的答案。这段对话，用现代语言简化得通俗一些，大约是这样的：

甲：物体A比物体B重得多，哪个先落地？

乙：按亚里士多德的说法，物体A先落地。

甲：现在把A和B捆在一起，成为A+B呢？

乙：A+B比A重，应该比物体A先落地。

甲：请注意，B比A轻，按亚里士多德的说法，B下落比A慢，A+B以后，B抱着A，下落速度减慢了。

A+B 应该比物体 A 后落地。

乙：啊呀，得出了两个相反的结论，亚里士多德的话不能再相信了。

就这样，伽利略巧妙地否定了对亚里士多德的迷信。第一个答案不对了，伽利略提出了第二个答案：同时落到地上。

伽利略说，轻重不同的物体从同一高度下落，应当同时落地。当时，伽利略是个二十五六岁的青年，别人都怀疑他的说法，伽利略决心登上比萨斜塔，当着众人进行一次实验。他一手拿着 1 磅重的铁球，另一手拿着 10 磅重的铁球，放开双手，两个铁球同时落到了地上。来观看的学者和民众信服了。

这个著名的实验同时使比萨斜塔出了名，代代相传，成为人们熟知的故事。这个古老的故事并没有到此完结，在往下说以前，先做一点补充。

在比萨斜塔实验的前几年，比伽利略年纪大得多的斯台文曾经做过一个实验。他用荷兰文写道："我们拿两只铅球，其中一只比另一只重10倍，把它们从30英尺的高度同时丢下来，落在一块木板或者什么可以发出清晰响声的东西上面，那么我们会发现轻球并不需要10倍的时间，而是同时落在木板上。因为它们发出的声音像是一个声音一样。"这段话说明，当时不止伽利略，而是一批人发现了我们说的第二个答案：同时落在地上。

传说，伽利略做完比萨斜塔实验以后，仍然有人不服气，提出一个尖锐的问题：鸡毛和铁球，哪个落得快？

伽利略认为，在生活中，的确是鸡毛落得慢，这是鸡毛受到的空气浮力大的缘故。在真空里，鸡毛和铁球应该落得一样快。伽利略没有能完成这个实验。后来，真空技术有了提高，才有人进行了实验。办法是：把鸡毛、木块、铁球放到一个玻璃管内，抽去空气，形成真空，就会看到鸡毛、木块、铁球同时落到管底。

按说，鸡毛和铁球哪个先落地的答案清楚明白，应

该到此为止。进入 20 世纪，事情发生了变化。1922 年，匈牙利的富佛斯在一次实验中发现，不同重量的物质并不是同时落地，先后略有不同，大约相差 1%左右。

这一发现并未引起人们的注意，过了 60 多年，直到 1986 年，才受到了重视。不少物理学家对富佛斯的实验重新进行了分析，得出了令人吃惊的结论：鸡毛和铁球下落的快慢确实有差别，不是同时落到地上。一句话，否定了伽利略的答案。

第三个答案露面了：鸡毛下落的速度比铁球稍快一点，鸡毛先落地。

大物理学家们说出这个答案，不由你不信，不由你吓一跳。真怪，这个答案竟与我们的生活常识不一样！

物理学家们说出这番话来总是有点原因，他们一要做实验——非常精细的实验，二要做理论探讨，然后才会写论文。

他们说，在真空中鸡毛比铁球落得快，是因为在下落过程中，不仅是重力起作用，还有一个较小的排斥力在起作用，它的方向与引力相反，影响了下落的速度。

这个排斥力，起初叫作"超电荷力"，后来叫作超负载力。这是新认识的一种力，也叫第五种力。

在此以前，人们认为在自然界存在的力有4种。最早认识的是引力，地球绕着太阳转、苹果落到地上都是引力在起作用；后来认识的是电磁力，存在于电磁场中。这两种力都好理解。第三、第四种力存在于原子核内部，主宰各种粒子的相互作用，叫强相互作用力和弱相互作用力。

如今，从鸡毛与铁球下落的问题中又引出了一个排斥力，就成了物理学中的一件大事。是不是真的存在第五种力，大量的实验，结果不完全一致，还很难说死，下不了结论。因此，关于它的性质也只能说还不十分清楚。

2000多年的公案尚未了结。

难道没有磁单极子

我们的地球，有一个北极，还有一个南极，这是大家都知道的。在北极附近，还有一个"南极"；南极旁边，也还有个"北极"，知道的人就不多了。"南极"和"北极"是两个磁极，因为地球是个大磁场，这就有了磁南极和磁北极。

在地球发展史上，磁极曾经颠倒过，北极成了南极，南极换成了北极。这种过程进行过多次，只不过不管变多少次，那也只是两个磁极"交换场地"，就像踢足球一样，踢半场就交换场地。交换的结果，一定是有南极就有北极，反过来说也一样，磁极总是成对出现的。

磁铁也是这样，一块磁铁也有两极。把一块条形磁铁悬吊在空中，总是一个磁极指向北方，另一个指向南方。指北的磁极叫北极，记作 N 极；指南的磁极叫南极，记作 S 极。

磁铁的磁极也总是成对出现的。把一块大磁铁折成几个小块，每一小块磁铁的磁极也是成对出现的。没有人见过孤零零的一个磁南极，也没有孤单的磁北极。

科学家纳闷了：磁和电有许多相似之处，电能生磁，磁能生电；同名磁极相互排斥，异名磁极相互吸引；同名电荷也是相互排斥，异名电荷也是相互吸引。可是，正电荷可以单独存在，负电荷更是如此，为什么磁单极不能单独存在？

磁和电有许多相似之处，却不那么完美。1931 年，英国物理学家狄拉克预言：宇宙中存在着单个的磁单极子。这是一种具有磁荷的粒子，磁荷的性质与电荷类似，只含单个磁极。狄拉克说，自然界存在磁荷，就可以解释为任何粒子的电荷都是电子电荷的倍数。只有这样，电和磁的相似才更加完美。

　　狄拉克深信自己的预言，他说："如果自然不应用这种可能简直令人惊诧。"他的预言具有巨大理论意义，美籍华裔科学家杨振宁称赞这个假设是"神来之笔"。著名物理学家费米也认为"它的存在是可能的"。

　　狄拉克的假设吸引着许多人投入到搜寻磁单极子的行列，到天上去找，到地下去找，到实验室中去找。

　　科学家们认为月球上没有空气，磁场非常微弱，是存在磁单极子的好环境。幸好美国的阿波罗飞船到过月球，取回来了一些月球上的岩石，就拿来检测。科学家使用的检测仪器灵敏度很高，哪怕只有一个磁单极子，也可以检测出来。然而，一个也没有发现。

　　月球的岩石中没有，那就到高空中去寻找。1975 年，美国加利福尼亚大学和休斯敦大学组成的联合研究小组向空中放出一个大气球，升到 40 千米的高空，飘浮了62 小时，在乳胶片上记录下了一些可疑的径迹。研究人员认为这是磁单极子留下的印迹，磁单极子的质量比质子大 200 多倍。可是，他们的发现并没有得到普遍的承认，怀疑的人很多。

空中找不到，就在地球上找。地面上有从空间落下来的铁陨石，还有露出地面的铁矿石，都是有磁性的物体，会像吸铁石一样，吸住从宇宙深处飞来的磁单极子。日本科学家使用高质量的装置去探寻，结果是什么也没找到，希望转化为失望，留下的只是遗憾。

于是，探索磁单极子的研究从自然界转入了实验室。科学家们动用了高能加速器，希望在用粒子冲击原子核的过程中把结合得很紧的磁单极子分离出来。多次实验，也还是希望落空。

直到 1982 年，总算传来了一个好消息。美国 35 岁的物理学家卡布里腊设计了一个精巧装置，做了一次成功的实验，他宣布找到了磁单极子。卡布里腊做了一个直径为 5 厘米的超导线圈，放在 −264℃ 的环境里。线圈外面围了一个超导的铝箔圆筒，用来屏蔽外界磁场的干

扰。如果超导线圈里有磁单极子通过,会产生感应电流。1982年2月14日下午1时53分,卡布里腊发现了电流变化,通过数据分析,跟磁单极子的理论完全符合。根据这个实验,他宣布找到了磁单极子。

然而,这只是一次实验。物理学家认为,实验应该可以多次重复,多次重复以后,才能确信无疑。可是,这个现象只出现了一次,至今还没有第二例的报道。

茫茫宇宙,何处去寻找磁单极子?看来,困难犹如万重山。那么到底有没有磁单极子呢?科学家们认为,是否存在磁单极子，涉及许多物理理论，甚至是根本理论，很多大物理学家都持有这种看法：不能泄气，还要寻找，搜寻，不管过去的努力已归于失败。不过，也不是毫无收获。大家慢慢地看到：宇宙间即使存在着磁单极子，数量也是极其稀少，在 1 亿个核子、1 亿亿个核子中恐怕也只有 1 个。

不是只有一条路

1945 年，世界上第一颗原子弹爆炸，世界大为震惊。那么大的能量啊，一颗原子弹毁灭了一座城市。战后，人们冷静地思考，只要对原子能加以控制，不是突然爆炸，而是缓慢地释放，那么就可以用来发电、开军舰等。

人们顺利地控制了原子核裂变，建造了许多核电站，还有核潜艇。

1952 年，世界上第一颗氢弹爆炸，威力比原子弹大了不知多少倍，自然而然，人们又想到了对原子核聚变加以控制，缓慢地把能量释放出，对人类的未来那是极大的福利。

原子弹和氢弹的能量都来自原子能。原子弹的原料是金属铀，铀属于重原子，原子核连续分裂就会放出能量来；氢弹的原料是氢，属于轻原子，原子核聚合在一起也会放出能量，而且能量更大。因此，原子弹爆炸是核裂变，而氢弹爆炸是核聚变。

对氢的核聚变，人们寄予了特别高的期望，别的不说，光拿原料来说，裂变的原料铀是埋在地下的矿藏，目前发现的藏量并不多，总有一天会用完的。原料耗尽的威胁已经悄悄地出现。聚变的原料是氢，它不是常见的氢气，而是氢的同位素氘，氘又叫重氢，存在于水中，仅海水中就含有 40 万亿吨氘，足够人类使用几十亿年！这是巨大的能源啊！

核聚变的原理，科学家早已研究得明明白白，只是一旦要拿来应用，却遇到了两个困难，犹如两座大山横亘在眼前。

第一个困难是如何"点火"。核聚变必须在非常高的温度下才能进行，这个温度高达 1 亿摄氏度，再低，也得 5000 万摄氏度以上。所以，核聚变又叫热核反应。

一个"热"字难死人，氢弹爆炸的时候，是利用原子弹来制造这个高温，也就是用原子弹"点火"，在工厂里是万万不能使用原子弹的。不用原子弹，又怎么去获得1亿摄氏度的温度呢？

第二个困难是容器问题。热核反应一旦发生，1亿摄氏度的高温会把炉子、反应堆及一切材料都烧掉。为了保证热核反应持续进行下去，用什么容器来承载这个反应或把它约束起来才不致造成破坏呢？

尽管困难那么大，科学家们仍然在研究，办法总是会有的，利用热核反应的日子终会到来。有困难，也有希望，大有希望。

不过，在研究过程中也有人在想，难道路只有一条，会不会有第二条呢？

1989年3月23日，英国安普敦大学弗莱希曼教授和美国犹他大学庞斯教授宣布：他们在常温下，实验核聚变成功，当时的温度是27℃。

这真是天大的一条消息，不是在 1 亿摄氏度下，而是在 27℃ 的温度下完成了核聚变。它不是热核聚变，而是冷核聚变。

两位教授的办法是，设置一个电解槽，其中的电解液有 99.5% 是重水；重水中含有氘，用铂作阳极，用钯作阴极。通

电以后，发现有大量的热释放出来，产生的热比实验耗费掉的热大 4 倍，同时还观察到氚和中子增加。两位教授说，这是他们在厨房中进行了 5 年冷核聚变实验取得的成果！

后来，庞斯又宣布，冷核聚变反应已进行了 800 小

时，聚变产生的热是输入能量的8倍！

消息传出，在世界范围内掀起了一个研究冷核聚变实验的热潮，先后有八九个国家的研究小组说，他们重复了冷核聚变的实验，也取得了成功。在支持和赞同声中也传来了一些否定的消息，我国的北京大学、中国科学院的两个研究所、美国的贝尔实验室都说没有取得成功。

同年5月，在美国举行了一次国际专题会议，专门讨论冷核聚变的问题。会议没有取得一致的看法，有人支持和肯定冷核聚变，有人反对。反对的人提出了一些理由，说弗莱希曼他们的观测数据不够准确；还有人说，那个实验不是核聚变，而只是一次普通的化学反应。

这样，研究冷核聚变的热潮逐渐地冷了下来，人们的头脑冷静以后，大多数人都认为不应该简单地做出是真是假的结论。人们对事物的反应不能只说"是"或者"不是"，而应该多想一想。

如果说冷核聚变是假，那么观察到的大量能量又是从哪儿来的呢？要肯定冷核聚变是假，不那么容易；要肯定它是真，也难。

不管是真是假，它都给人一个启示，实现核聚变的路不能只有一条。制造1亿摄氏度的高温是一条路，27℃的常温下进行实验也是一条路。更何况，还应该有第三、第四条路。大量出现的能量，如果它只是化学反应的产物，一定是我们尚未认识还不知道机理的化学反应；如果是核反应，一定是我们尚未认识并不了解的核反应。

未知世界是神秘的，真假冷核聚变之争也许是通向神秘之门的一条小路。

太阳能告诉我们什么

太阳给我们送来了什么？

我们最直接的感受是：太阳送来了光和热。

除了直接的感受以外，太阳能还转化成一大批贵重的礼物：粮食、煤、石油以及电力。地里的庄稼在阳光的照射下才会进行光合作用，从而生长发育开花结果，人才有了粮食。而远古的植物和动物的尸体被埋在地下，转化成煤和石油。今天烧煤，是在消耗远古的太阳能。太阳还把海水晒热，产生水蒸气，送到大陆变成了雨，雨水贮在水库里，用来发电，太阳能转化成了电能。

地球上的能源，绝大多数来自太阳，抬头看看太阳，不由得感叹，太阳时时刻刻在向外发射能量，地球接收到的能量只是很小很小的一部分。太阳的能量该是多么

老夫还要活几十亿年呢!

巨大, 太阳能是怎么产生的呢?

不同的时代有不同的答案。

在科学不发达的年代, 人们看到火红的太阳, 就联想到太阳是个大火球, 一定存在着燃烧现象, 会不会是煤在燃烧? 可是, 稍有头脑的人说, 就算太阳是个巨大的煤球, 它又够烧几年呢? 无论太阳多么巨大, 按体积计算, 也就只够烧几千年, 就算能烧1万年, "煤球"也烧完了。可是, 太阳的年龄却是50亿年, 哪里有什么烧了50亿年的大"煤球"?

太阳能来自燃烧, 仅仅是一种猜测。猜测不是科学, 说出来跟没说一个样, 不知道还是不知道。

到了19世纪, 有位天文学家在研究太阳是怎么形成

的时候，同时回答了太阳能是怎么产生的。他说，太阳原来是一团大星云，体积非常大，就像今天整个太阳系那么大，后来逐渐凝缩，在凝缩的过程中，由于引力的作用，外围的质点纷纷拥向太阳中心，产生了动能，转化为光和热向外辐射。在当年，星云学说是引人注目的理论，相当多的人接受了这个说法，以为这就知道了太阳能的来源。

进入 20 世纪，科学发展了，科学家首先关心的不是去解答太阳能从何而来，而是太阳上有些什么物质。因为射到地球上的太阳光就是重要的信息，太阳光通过三棱镜就会分成颜色鲜艳的七色光。从那些宽窄不同的彩色谱线中就能分析出太阳上的物质。1929 年，美国科学家罗素反复地分析了太阳光谱，告诉人们，太阳这个大火球实际上充满了气体，绝大部分是氢。按质量计算氢占 71%，氦占 27%，其他元素只占 2%。

这时候，原子科学也有了发展，研究原子的科学家也关心起太阳能从何而来，他们根据太阳含有丰富的氢进行分析，认为太阳内部存在着核反应。贝特是出生在德国的美国科学家，他认为，4个氢核结合成一个氦核，产生了能量，也就是说，氢是太阳的"燃料"，氦是烧下来的"灰"。贝特的说法不仅解释了太阳能的来源，还扩大到恒星，恒星发光也是这个原理。

贝特的理论告诉我们，太阳和恒星的能量来自核反应，是核聚变的结果。为什么太阳能产生大量的光和热，辐射出大量的能量？是靠烧掉了一些氢，每秒钟要损失400万吨物质！但是，太阳中的氢实在太多了，还经得起消耗，在数百万年以内，这个损失仍只是一个可以忽略不计的小数目，太阳还有几百亿年的寿命。

这样，人们总算知道了太阳能的来源。可是人的认识总是在不断发展。人们掌握核聚变的技术制成了氢弹，却有一个解不开的谜。氢弹里有氢核，在高温条件下，氢核一下子聚合成氦，产生了大量的光和热，这一切过

程仅仅在爆炸的一瞬间就完成了。爆炸结束，核反应也完结了，所有的氢都参加了反应。

人们在想，核反应有两种，一种是核裂变，原子弹爆炸就是裂变的结果；另一种是核聚变，氢弹爆炸是核聚变的结果。可是，核裂变现在已经可以加以控制，能按照人的意愿，不是突然爆炸，而是缓慢地连续地进行反应，用来发电，建成原子能电站。可是，氢核聚变却只能以爆炸的形式出现，所有的氢一起参加反应，反应一次完成。

这就产生了一个问题，既然太阳含有丰富的氢，太阳中心的温度又高达上千万摄氏度，为什么不会使所有的氢一起参加反应，为什么不是反应一次完成，而是缓慢地进行，已经进行了50亿年！

这个问题也可以反过来问，既然太阳的寿命已有50亿年，由此可见，太阳一直在进行着核聚变，不是一次爆炸式的聚变，而是持续不断地聚变。核聚变能够持续不断地进行一定存在着一种控制机理，这是我们所不知道的，这是一个谜。

科学家正在力求破解这个谜。科学家为了利用氢这个廉价的原料作为能源，正在寻找控制氢聚合的过程，只要找到控制的办法，就有了大规模利用氢的可能。

也许，太阳会给我们一点启示，告诉我们氢的聚变不一定是爆炸，也可以持续进行，也是可以控制的。

滚雷——球状闪电

闪电是常见的自然现象，夏天暴风雨来临的时候突然出现一道白光，紧接着就是轰隆隆的响声。闪电和响声是雷电的基本特征。在雷电发生的时候，还能看到它的形状，大多是"⚡"形，也有条状和片状，都是一闪而过，给人强烈的印象。

这是常见的闪电，还有一种奇特的闪电不是来去匆匆、一闪而过，而是飘飘忽忽，缓慢地移动，能持续几秒钟，民间称它为"滚雷"，科学家叫它是"球状闪电"。球状闪电是一个无声的火球，直径大多在10~20厘米之间，消失的时候，可能有爆炸声，也可能无声无息。球状闪电不放白光，可能是红色、黄色，也可能是橙色，还有它不一定出现在高空，也会出现在地面附近，甚至

会穿过玻璃（不损坏玻璃）闯进建筑物，飘进密闭的飞机机舱。

1962年7月的一天，在著名的泰山上，一个球状闪电穿过紧闭的玻璃窗，钻进一间民房，缓慢地在室内飘动，最后钻进了烟囱，在烟囱口爆炸，只炸掉烟囱的一个角。民房内，仅仅震倒一个热水瓶。

1981年1月的一天，球状闪电光顾了一架飞行中的

"伊尔-18"飞机。这架苏联的飞机从索契市起飞，刚飞到 1200 米的空中，一个球状闪电突然钻进了客舱，它只有 10 厘米大，却发出一声震耳欲聋的爆炸声。奇怪的是，人们原以为球状闪电已经消失，谁知几秒钟后它又重新出现，惊呆了的旅客看着这个"球"在头顶飘忽，到达后舱时裂成两个半月形，随后又合到一起，发出不大的声音而消失了，担心的驾驶员立即驾机降落，发现飞机头部和尾部各有一个大窟窿，除此以外没有任何损坏，乘客也没有受到伤害。

在欧洲，一个雷声隆隆的夜晚，有人看到一个黄色的火球从树上滚下来，黄色变蓝色，蓝色变红色，越滚越大，落到地面，一声巨响，变成三道光，向三个方向飞去，其中一道光击倒了一个人。

1989 年，我国青岛的黄岛油库就是由于球状闪电的爆炸引起了油罐大爆炸。

200 多年前，俄国科学家里奇曼研究雷电，重复富兰克林的风筝实验，没料想一个球状闪电脱离避雷针，无声无息地飘在实验室内。这个只有拳头大的火球在靠近里奇曼脸部的时候突然爆炸，里奇曼立即倒地死去，脸上留下了一块红斑，有一只鞋被打穿了两个洞。

球状闪电是怎么形成的？

到今天为止还只能说"不知道"。曾经有科学家做过一些解释，但还没有统一的看法，至少有四种看法。

有一种看法是美国科学家提出来的，他们在北美洲草原拍下了 12 万张闪电照片，得出一个看法：球状闪电是从常见的闪电末端分离出来，是一些等离子体凝结而成的。

第二种看法是苏联科学家提出来的。大气物理学家德米特里耶夫有一次巧遇，1956 年，他在奥涅加河边度假。他休息也不忘收集资料，因此在背包里总是放着一些烧瓶，以便随时采集空气样品。有一天傍晚，遇上了

暴风雨和雷电，突然他看到一个淡红色的火球，在离地面一人高的地方朝着他滚来，火球边缘放出黄色、绿色和紫色的小火花，发出"噗噗"的声音。火球滚到他跟前，拐了个弯，向上升起，滚到树丛中去了。在树丛上，急速地转了几个圈，很快就消失了。德米特里耶夫由于职业的敏感，立即采集了球状闪电经过的地方的空气，拿到实验室一分析，知道空气里的臭氧和二氧化氮增加了。

于是，有些科学家就做了一些理论分析，估计球状闪电内部的温度达到 1500℃ ~ 2000℃，在这样的温度下，空气中的氮的性质发生了变化，从不活泼变得活泼起来，并能与空气中的氧生成二氧化氮。同时，在 2000℃ 的高温下，也容易形成臭氧，臭氧很不稳定，又分解开来并放出能量，空气的温度迅速上升，人们就看到了火球。实验证明，这两种气体同时存在的时间大约在 14 秒到 2400 秒之间。这种说法可以归结为空气中存在着发光气体。

　　还有两种看法是：等离子层内的微波辐射；空气和气体活动出现反常。

增重 1.2 千克也成了个谜

在初中学过物理的人都知道万有引力，都知道万有引力是牛顿发现的。牛顿躺在苹果树下，看到一个苹果落到地上，突然产生一个联想，苹果落到地上与行星绕着太阳运转是不是有关联，都受同一规律支配着？

牛顿想，是的，宇宙中的物体之间都存在着引力，都在相互吸引，并且归纳出了万有引力定律。几百年过去了，万有引力仍然被认为是正常的。在日常生活中，我们虽然看不到桌子的引力把椅子吸引过去，却依靠万有引力定律计算出月亮绕地球的轨道，地球绕太阳运行的轨道，能准确地预报日食和月食，准确地测出人造卫星、宇宙飞船的轨道。

卫星和宇宙飞船一次又一次发射成功，都说明根据引力理论进行的计算准确无误，引力理论是正确的，没有必要去怀疑它。

然而，引力理论也不是绝对权威，也受到了挑战。因为它无法说明引力异常的现象，给人们留下了一个谜。

引力异常之谜是法国科学家阿勒发现的。阿勒是法国空间研究中心研究部主任，1953 年，他在巴黎的一个实验室里做了一次实验，实验的结果引起了他的好奇和兴趣，从此开始了持续的观测，一直进行到 1957 年。

阿勒为了观测地球引力，在地下室搞了一个装置，那是一个 83 厘米长的锥摆，锥摆是一个 7.5 千克重的铜盘，这是一个非常简单的装置。开始实验的时候，把摆从中心位置拉到一个静止位置拴稳，然后把丝线烧断。摆就开始来回摆动，14 分钟以后，使摆停下来，记下摆的方位角。间隔 6 分钟，再进行一次实验，这样每昼夜就要进行 72 次实验。

说到摆，就不能不提到傅科摆，北京天文馆里就有

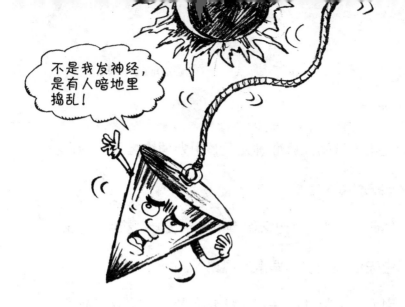

一个傅科摆，它是一个用长长的钢绳高高吊起的单摆。单摆从东向西摆动，看起来好像永不停顿地在东西方向上来回摆动。事实上却不是这样，每一次摆动，方向都有细微的变动。方向的变动，不是单摆运动的方向有改变，而是反映了地球在自转，在北半球，方向做顺时针转动。在北京，大约 37 小时，方向转动了 360°。

傅科摆的运动方向转动是均衡的，像钟那么准。而阿勒进行的观测却有点出人意料，摆动的方位角却不是均衡的，呈现出周期性变化。这一变化反映了引力有异常现象。

会引起锥摆运动的引力，除了地球引力，那就应该

来自太阳和月亮了，最能反映异常现象的时机，就应该
是日食的时候了。

1954 年 6 月 30 日发生了日食，阿勒抓住这个难得
的机会进行观测。如果引力异常的确是由太阳和月亮
引起的，那当日食的时候，太阳、月亮和地球都处在
一条线上的时候，锥摆一定会出现异常。果然，当日
食开始的时候，锥摆的方位角立即从 170°跳到 185°，
弹跳了 15°。日食结束以后，转动平面又恢复到原来的
状态。

阿勒的发现引起了科学家的注意，却找不到科学
的解释。有心的科学家决心继续观测。美国哈佛大学
萨克斯尔做了一个扭摆进行实验，使用电子计算机把
测定结果自动打印出来。1970 年 3 月 7 日，又发生了
日食，电子计算机的记录更准确地反映出异常的过程，
日食开始以后，扭摆的摆动就出现了异常，说明扭摆
的重量有所增加！在日食期间，扭摆的重量竟增加了

1.2 千克。

扭摆的重量只有 23.4 千克，突然增加 1.2 千克，这可不是一个小数，说明引力异常十分突出。可是，在日食期间，使用弹簧秤，没有发现重量增加，说明弹簧秤没有测出异常，地震仪上也看不到异常现象。

我国科学家也曾观测到引力异常现象。各国的科学家都承认存在着引力异常现象，却没有人能令人信服地说出异常的原因，只能进行一些猜测，就如同猜谜似的，只是说可能是这样、可能是那样。

有人说，宇宙间还存在着一种人类尚未认识的力，叫第五种力。目前，我们知道的自然力有四种，引力、电磁力、强力、弱力。引力和电磁力是我们熟悉的，强力和弱力只出现在基本粒子之中，除此以外，会不会有第五种力呢？

有人说，发生日食的时候，引力被吸收了，还有人说存在着一个新场……

至今，还没有一种说法能完满地回答引力异常是怎么产生的，而只是告诉人们，牛顿的引力理论、爱因斯坦的引力理论都无法解释引力异常现象。经典物理、现代物理都说不清楚，那么这些理论就不是那么完善。是应该修改，还是加以补充，还是创造一种新的理论？人们在期待。

我国古建筑避雷之谜

提起富兰克林，人们就会联想到雷电，想到他发明了避雷针。大约250年前，他提出了避雷针的设想：在建筑物的高处安装一根尖锐的金属杆，沿着墙壁引到地下，深埋以后，就能防止雷击。

现在看来，富兰克林的避雷针并不是那么完美，英国的避雷装置顶部不是一根针，而是一个球，法国人也不用针，而是一个圆锥体。唯有美国人，坚持使用富兰克林最初的设计，仍然使用顶部尖锐的铁杆。

1997年7月13日，美国纽约市遭雷击，5条高压线路被切断，停电一整天。美国人这才想到避雷针不可靠，于是新设计的避雷装置不再是孤零零的一根针，而是2000多条细细的导线装在一根空心管子上，看上去好像一个鸡毛掸子。

近年来，还出现过一些新型的避雷装置，比如，在金属杆上装一个放射源，或装一个半导体消雷器等等。不过，令人惊奇的是我国古代也有避雷装置，我们先引用一位法国旅行家戴马甘兰的记述："中国屋宇的屋脊两头有一个仰起的龙头，龙口吐出曲折的金属舌头伸向天空。舌根连着一根金属丝连通地下。这种奇妙的装置，在发生雷电的时候，电就会从龙舌沿铁丝跑到地下，不会毁坏建筑物。"

这段记述来自《中国札记》，是这位法国人 1688 年写成的。1688 年，比富兰克林发明避雷针的 1750 年早 60 多年哩！由此可见，我国早就有了避雷装置。

这位法国人说的"龙头"，在我国叫作"鸱（chī）尾"。相传，汉代的时候，未央宫遭雷击失火，就有人向汉武帝建议，在宫殿的屋脊上安装能消灭火灾的鸱鱼。于是，后来的宫殿和民房的屋脊两头都有了叫作"鸱吻"

鸱吻

尽管来吧，我能对付你们！

或"鸱尾"的金属饰物，形状有龙、鱼和雄鸡等。遗憾的是，这些鸱尾并没有金属线连接大地，而这位法国人却根据自己的观察，描述了这是避雷针似的装置。因此，这件事就成了一个不解之谜。

后来有人分析，鸱尾虽然没有金属线连接大地，暴风雨袭来的时候，淋湿了屋顶和墙壁，也起到了接地的作用。

可是，我国有许多古塔，塔顶尖尖，突出于地面，最容易引雷，最容易遭雷击，却保存完好。不是雷电未曾降临，而是雷电来临时被消除了。

1960 年，浙江杭州的六和塔，在一个雷声隆隆的夜晚，人们看到塔顶尖端连续放光。这是放电现象，放电以后，雷灾消失了。

历史上也有过类似的记载。1611 年一个夏夜，浙江嘉兴的东塔放金光，像流星四散。山西河津县城东觉成寺内有一座宝塔，到了风雨夜，塔顶常常会放光。

这些古塔顶部都有一个金属塔刹，目前发现，最古老的金属塔刹出现在三国时代。公元 229 年建成的保圣寺塔（位于江苏高淳县），塔高 31 米，塔顶有一装饰，由覆钵、相轮和宝葫芦等组成，大约 4 米多高。人们常把这铁刹叫作"葫芦串"，这就是一个避雷装置。由于有了它，一两千年内，高塔未遭受雷击。

这样的例子还可列举一些，明代的北京曾有一个广寒殿，建在今天的北海公园内，殿旁竖立着一根铁杆，有数丈高，顶部是三个金葫芦，同时引一根铁链连接大

地。虽然文献说这是为了镇龙，镇北海之龙，而真正的作用却是避雷。

看来，上面介绍的这些古建筑虽然没有避雷针，却都设有消雷、防雷的设备。这是不是古代工匠有意的安排？如果是，那么发明避雷针的年代就会大大推前；如果不是，为什么类似的装置却不止一两处，许多地方都有发现？

除了金属塔刹是一个谜，砖石结构和木塔也是一个谜。山西应县的木塔，全部是木结构，塔高51米，这是很容易招雷的高建筑，然而它从建成到今天，已经历了900多个春秋，至今仍高高地耸立着。

有人说，这是木塔，不导电，塔身不导电，地面又干燥，木塔就有了避雷的性能。而另一些人却说，雷电袭来，电压极高，高达几百万伏，电流又特别大，木结构的塔也会成为导体，怎么说能避雷呢？

这也是不清楚的事。

数字和未来

　　法拉第是 19 世纪著名的科学家，也是一位普及科学的热心人，写过通俗读物《蜡烛的故事》，经常举办通俗的科学讲座。1831 年，他发现电磁现象以后就进行了公开的表演。台上的装置十分简单，只见他摇动手柄，电流计就显示有电流通过。台下的观众先是惊奇，然后是一片叫好，因为这就是世界上第一台感应发电机！

　　台下的一位贵妇人用取笑的口吻说："先生，你发明的这玩意儿有什么用？"法拉第的回答意味深长："夫人，新生的婴儿又有什么用呢？"

　　法拉第完全明白这一发现的重要性，只是当时的科学家偏重理论研究，对推广应用并不热心。只知道一个婴儿前途无量，并不知道这个婴儿将来会有多大作为，

并未想到 20 世纪的今天每个人

都离不开电，离不开发电机——法拉第的"婴儿"。

1945 年，世界上第一台数字电子计算机发明，又

一个"婴儿"出世，人们看到了机器计算的速度，看

到了它大有作为，前途无量。当时的人，集中在想有

哪些计算的难题可以交给机器去计算，天气预报，原子

弹爆炸……总之，除了计算，还是计算。却不知道电子

计算机的数字化原理有多么重要，从来没人想过 50 年后

数字化的原理会导致高清晰度电视的发明。

看电视已成为人们生活的一部分，人们既离不开它，

又不那么满意。电视的画面远不如电影画面清晰，还常常出现波纹、雪花等杂波干扰。

对电视画面的不满，促使技术人员提出一个目标，应该发明一种尚清晰度电视。在这方面，日本人抢先一步，于 1970 年就开始研究，满怀信心地进行开发，认为达到目的并不困难。

我们每天看的电视画面是由 44 万个点组成的。看电视的时候，你拿一块放大镜去观察一下电视屏幕就会发现这些小点。电视整个画面被分成了 575 竖行，767 横行。我们看电视的时候看不出画面是一点一点在那儿发光，那是因为屏幕上每秒钟显示了 50 多个画面，在眼中就产生了连续的印象，而没有闪烁的感觉。

提高电视画面质量的办法也是知道的，把电视画面分成更小的光点，不是 575 竖行，而是 1000 多行。光点多了，画面就更加细腻，更加清晰，这是最基本的要求。再就是把画面宽和高的比从 4：3 改为 16：9，增加伴音

的声道，形成高保真的立体声。总之，为了获得清晰逼真、色彩鲜艳的图像，必须提高信息量，至少比现有电视的信息量增加 5 倍。

这就难了，现有的电视频道无法传送那么大的信息量。电视台尽管能制成高清晰度的电视节目，却无法送到观众眼里。日本研究高清晰度电视的工作遇到难以超越的困难，10 年、15 年过去了，还没有见到成果。在这十几年中，美国人迟迟不动，看着日本人单枪匹马地夺取目标。15 年过去了，美国人有点坐不住，才投入了研究工作。

不过，头脑灵活的美国人经过两三年的研究，很快就发现研究工作走进了死胡同，应该另找新路，采用电子计算机开创的路子，实行数字化。

说是数字化，实际上只用了 0 和 1 两个数字，所有的数都化作 0 和 1。0 和 1 的计算，只动用了加法，只有 4 个公式：$0+0=0$；$0+1=1$；$1+0=1$；$1+1=10$。无论多么复杂的计算，都必须化为 0 和 1 的加法。

在没有找到这个数字化的方法以前，也曾有过电子计算机，那是模拟计算机。我们现在的电视，也正是使用模拟信号。在电气化的最初年代，模拟信号有过辉煌的作用，正是因为想到了声波可以用电波来模拟，才发明了电话；还依靠模拟，发明了留声机、电影和电视。电视信号，信息量比电话高出许多倍，现在要提高清晰度电视还要增大 5 倍信息量，大大超过了它的能力，不能不说"此路不通"了。

如果把电视信号转变为数字呢，那就有了一条生路：数字信息是可以压缩的。军队的干粮有压缩饼干，够当一顿饭吃的饼干，可以压缩成一两片小饼干。吃的时候，用水一泡，就会变得像一两个面包那么大。电视信号压缩 50 倍以后，依靠现在的电视系统就可以把高清晰度电视的信号全部传递出去。这时，接收到压缩后的信号，只要经过解压装置就可以进入高清晰度电视机内了。

美国人找到数字化电视以后，回过头来讥笑日本的模拟电视机是没有前途的技术。然而，日本人也会反问，数字计算机已经发明了 40 多年，为什么你们也没有想到数字化技术可以用于电视？

是的，当初人们发明电子计算机，采用了二进制，只使用两个数字、4 个加法公式的时候，并没有想到这是一项了不起的发明，不仅可以用于计算，还可以把声音、文字、图像都变成数字。多媒体的基础正是数字化。

数字化带给人类的影响远不止这些，不但音乐、视盘可以数字化，广播、电视也可以数字化，甚至上班、上学也可以数字化。一位学生不一定到学校去上课，通过电脑网络就可以听全国最优秀的教师授课。

近年，有人在数字化后面添了两个字，叫作"数字化生存"，意思就有了改变，极大的改变。说是人类将经历三种生存：农牧化生存、工业化生存及数字化生存。农牧化生存，指的是农业社会；工业化生存指的是工业社会；数字化生存指的是信息社会。前两个社会，人类已经经历过，信息社会则刚刚来临，信息社会是从数字化开始的。

发明蒸汽机的瓦特，当时并不知道蒸汽机会带来一个工业化社会；发明电子计算机的时候，是冯·诺依曼建议采用二进制，实现了数字化，他也没想到数字化会有那么大的影响。

在不远的将来，会不会出现数字化生存，目前还说不准，值得我们想一想，特别要回味法拉第的话："新生的婴儿有什么用呢？"

相信你从思索中会发现哪些不知道的问题最重要。

太空电站

19 世纪末，马可尼发明无线电，是当年震惊世界的头号新闻。20 世纪初，马可尼在美国接收到从欧洲发来的无线电，用三个点表示字母"S"。这就是无线电报的开端。

在 20 世纪，无线电的应用不断扩展，从无线电报扩展到无线电话，再扩展到无线电广播、电视、寻呼机、手机……无线电波在通信领域，充分发挥了它的特长。

到 21 世纪，无线电的含义还会变，而且是大变，从通信行业跳到动力行业，从无线电波跳到无线电力，把太空中的电送到地球上来。

到太空中去建立发电站，是科技工作者的一个理想，希望用这种方法开辟一个利用能源的新途径。现代生活对能源的需求永无止境，现在的主要能源仍然是煤和石油，煤和石油用一点少一点，总有一天会用完的。而且，烧煤产生的烟尘，烧汽油产生的汽车尾气都在污染环境，要求停止烧煤烧石油的呼声越来越高。要求停止燃烧化石燃料，把煤和石油保留下来，留着去制造塑料和化学纤维。

21世纪，人们面临一个大问题，未来的能源是什么？

科学家充满希望和信心地摆出许多方案，比如，原子能、核聚变和氢能等。但很少有人知道，可以到外层空间去建电站，把人造卫星变成一个巨大的电站，到遥远的月球上去建电站。

这是一个宏伟的方案，也是一个环保的方案。这个方案不必去开矿采煤，不必为能量的来源发愁，能量取自免费的太阳光。太阳的能量是那么大，有人把它比做"百万富翁"，其实，太阳能很难用数量来衡量，仅仅计算照到地球上的太阳能，只不过是它的总能量的二十二

欢迎！欢迎！

亿分之一。尽管地球得到的份额那么少，地球每秒钟获得的能量已经相当于燃烧 500 万吨优质煤了。

太阳把它的能量送到地球上，完全免费，但是，在地面建立太阳能电站并不理想。阳光到达地面以前，必须穿过大气层，大气层克扣了一半的能量。再说大气层变幻多端，又是天阴，又是下雨，阳光有时也到不了地面。天黑以后，太阳就不再露面，躲起来了。

为了摆脱这些不利因素，科学家才想到"上天"这条路，到外层空间去建立太阳能电站。

在外层空间，脱离了大气层，无遮无挡，也看

月亮你好！

不到阴天下雨，阳光能不打折扣地为太阳能电站工作。

在外层空间建电站有两种方案：一、把人造卫星变成一个电站，人造卫星离地面算是比较近的；二、把电站建在地球的天然卫星——月球上，这个电站离地球就远了，38万千米。

离开地面去建电站，真是极有魄力的计划，可能遇到的困难，也会是难以想象。

就说建立太阳能卫星电站，目前比较成熟的技术是利用太阳能板去捕捉阳光。为了避免遮阳，太阳能板必须平铺开来。如果只为一个空间站提供电力，太阳能板占的面积不大，那还算好办。如果要求为地球提供大量的电力，太阳能板平铺开来，在空间将占据数十平方千米。我们来算算看，把太阳能板先固定在1平方米的帆板上，1平方千米就需要10万块帆板，几十平方千米就是几十万块帆板。

要把这几十万块帆板平铺开来，靠宇航员恐怕不行，

宇航员在空间行走，脚不沾地，不能长时间停留，很难完成任务，只希望能使这几十万块帆板智能化，能自动地铺开。

太阳能板目前还有点"娇气"，送到外层空间，酷热与严寒并存，还要遭受到宇宙线的辐射，发电效率逐步下降，服役期只有7年，7年后就得更换。

于是，就产生了不用太阳能板的想法，利用热循环来带动发电机发电，大体的办法是造一个特大的"锅"——凹面镜，把太阳的热集中起来，去加热压缩气体，热气膨胀，冲出去推动发电机发出电来。

建电站难发电也难，就说气体加热做功以后，如何冷却下来也难。在太空，加热容易冷却难。在地面上，散热冷却有三条途径：对流、传导和辐射；而在太空，接近失重的条件下，对流和传导几乎失去作用，只能靠辐射一个途径，这就不可能快速冷却。

种种困难，迫使人们放宽眼界，到月球上去建太阳能电站。将来在开发月球的过程中，建立电站是必要的。

一旦空间电站有了眉目，下一个问题就是如何把电送回地球。用电缆送电，这是常规办法；建卫星电站，从卫星上拖一条电缆到地面，也许还有可能；而在月球和地球之间架一条电缆，那是天方夜谭。

于是，产生了无线输电的计划。无线输电说起来像幻想，实现计划倒有点把握。无线电这三个字的含义不是在扩展嘛，从无线电报扩展到了广播电视，也可以扩展到无线电力。

用无线输电，可以把电力转化为微波或激光，定向发射，射到地球上指定的地点，再用天线接收下来，就可以转换为电力了。

最后，如果要问，不知道无线电力的方案会不会实现？

答案是：会实现。

暗物质

俗话说，"眼见为实"。意思很明白，亲眼所见的事物是确实的，的确存在，没假。反过来说，不是亲眼所见的事物就不存在，那可不一定了。

就说天空中有多少星星，你亲眼看得见的星星并不多。古代的天文学家，把大家"亲眼"所见的星星加起来，也不过六千多颗。

肉眼看不见，还有望远镜呢，通过威力巨大的望远镜，大开眼界，天上的星就不是六千，也不是六万，而是亿万；银河系以外还有数以十亿计的星系。

难道天上的星星都用望远镜看到了？

也不是。天上还有望远镜看不见的星。1931年，美国的无线电工程师央师基收到一种无线电波，很奇怪，每隔 23 小时 56 分 06 秒出现一次，非常有规律，后来证实那是来自望远镜看不见的星。后来科学家就发明了射电望远镜，再一次大开眼界，发现了一系列之前望远镜看不见的星，比如类星体、脉冲星、中子星……

此后，人类观测星空的手段进一步扩展，利用了红外光、紫外光、X 射线、γ射线，一次又一次地扩大了自己的眼界。说到这里，可以说，为了观测星空，十八般武艺都用上了。

不过，这十八般武艺都离不开一个"光"字。可见光，不可见光，都是电磁波，都可以用发光的星星来概括。

既然发光的星星都看见了，难道天上还有不发光的星星？

问到这一步，问题本身遇到了麻烦，问来问去离不开星星，好像宇宙中只有星星似的。星星只不过是团聚在一起的物质，除此以外，还存在着没有团聚在一起的

物质,质子、中子和各种粒子,氢核和分子。刚才的问题就应该变一下,改为:宇宙中是不是还有不发光的物质?也就是:宇宙中有没有暗物质?

我们都在这里……

科学家的回答是:有暗物质,而且很多!

科学家给出了一个令人吃惊的数字,在宇宙中,发光物质只占10%,暗物质倒占90%!

一点都看不到啊!

得出这个结论是有充分的理论根据的,是根据天体的质量和引力来推算的。在太阳系内,太阳的质量非常大,它产生的引

力才可能拽着地球和其他大行星围绕着它转。扩大到宇宙范围来看，我们的银河系，也受到仙女座星系的引力，以每秒 300 多千米的速度向仙女座移动。可是银河系的质量相当于 1000 亿个太阳的质量，仙女座星系的引力能拽引银河系，仙女座星系的质量必定非常大。可是仙女座星系的发光物质质量却没有那么大，只占十分之一，还有十分之九不见了。

这十分之九的质量应该属于暗物质。

暗物质在哪里？科学家多年的猜测，加上理论上的推测和实际观测，暗物质存在于星系四周的晕中。星系的外层，包围着暗淡、稀疏的晕，就隐藏着暗物质。

暗物质是什么物质呢？

在探讨这个问题以前，要说明一点，这些物质不可能是星球，或者是成块成团的天体，而是一些看不见的微小粒子，弥漫在宇宙之中。尽管体积十分微小，数量必然特别庞大。

最初的猜测，暗物质可能是中微子。

中微子是中性的微小粒子。早在1931年，物理学家泡利就曾预言它的存在，只是无法看到它。我国物理学家王淦昌于1942年提出了探测中微子的建议，才由美国科学家通过实验证实了它的存在。真正捕捉到中微子，那还是泡利预言的25年以后，即1956年。

中微子的特点是中性不带电，与其他粒子只有弱相互作用。人们知道中微子可能在宇宙空间大量存在，可是，很难捕捉到，更看不见，它最有可能是暗物质。可是，中微子是不是有静止质量，仍然是一个谜。如果中微子有静止质量，到底有多大，也是一个问号，也是一个不知道的问题。

再说，中微子即使测定出的确有质量，那也不会太重，不可能占宇宙质量的90%。这就是说，暗物质还有可能是一种很重很重的粒子。

这种粒子甚至还没有一个中文译名，与中微子的差别是质量悬殊，很重很重；而与中微子共同的特点是，中性不带电，只参加弱相互作用，甚至与我们看得见的万物几乎完全没有相互作用。

可是，到今天人类还没有检测到这种粒子。检测十分艰难，检测器需冷却到-270℃以下，几乎达到绝对温度的零度，而且要进行长期的检测。为了避免干扰，有好些实验小组都把设备安装在山洞里、矿井里。这种粒子因为要在极低的温度下检测，就有了个名字叫"冷暗物质"。

暗物质中，可能还会有其他的粒子。说来说去，总是粒子，很有意思，我们在研究原子的时候，进入微观世界，发现的粒子越来越小。

而人们观测星空，眼界越开越大，却发现宇宙质量90%是暗物质，也是一些粒子。宏观世界中的"不知道"粒子，也很小很小。

暗物质是什么，至今尚未看到！

虫洞

威尔斯是 19 世纪的科幻小说作家，是他在科幻小说中使用了"时间机器"这个词。他幻想中的时间机器设备非常简单，功能却异乎寻常，只要拨动机器上的指针，就会进入过去和未来的年代。指针拨向 1536 年，就回到过去；拨向 802701 年，就进入遥远的未来。

后来的幻想小说中不断出现类似的情节，把"时间机器"换了一个名称，叫作"时空隧道"。不仅时间可以前进和倒退，从 2008 年倒退到 1943 年，而且空间也同时变化，从 2008 年的北京，一下子进入到 1943 年的拉萨。谁要是有幸穿过时空隧道，穿过去以后，时间变了，空间也相应地变了。

时空隧道大量出现在科幻小说、电影和电视中，读者和观众习以为常，见怪不怪，对时空隧道本身从不深究，只把注意力放在故事情节上。一个青年穿过时空隧道，从城市到了乡村，从现在回到过去，看到了父亲和母亲，父母尚未结婚，正在谈恋爱……故事情节把你的注意力吸引了过去。

近年来，科学家也开始关注起这个问题。科学家不谈幻想，不编故事情节，也不喜欢"时空隧道"这个词，而使用了"蛀洞"这个词。说是存在着一种蛀洞，只是暂时还没有找到，也尚未打通，只要能够打通蛀洞，就能进入过去和未来，贯穿古今和未来，甚至从这个宇宙进入另一个宇宙，这叫"超越时空"。

蛀洞这个词，也有人译作"虫孔"。有人这么描绘：有个虫子生活在一个巨大的苹果上，苹果非常大，虫子感到苹果世界非常平坦，想去看看地平线的尽头在哪儿。于是，虫子开始长途爬行，直到精疲力竭的时候，发现自己回到了出发点，才明白苹果世界是弯曲的。虫子又

决定，寻找一条最短路线，在苹果上打了个洞，蛀出一条隧道，找到了一条最节省时间和最短路程的隧道，这就是蛀洞。

科学家是以严肃的态度来讨论蛀洞的。索恩是一位物理学家，相对论权威，在严肃的科学杂志发表学术文章，提出一个令人吃惊的论点：回到过去的旅行在原理上是可能的。

他的论文太深，叫人看不明白，大致意思是，有一个虫洞，分别有两个出入口，从 A 处进入，时间完全停滞，几乎在同一时刻从 B 处出来。可是，A 处和 B 处的时间速率不同，A 处是 1999 年，而 B 处是 1983 年，这样，就可以从 1999 年的 A 处进入 1983 年的 B 处。

索恩提出时间旅行的可能性，追根寻源，源头起于爱因斯坦的相对论。相对论把时间和空间紧密地联系在一起，叫作 4 维时空。根据相对论，星光在宇宙中是弯曲的，这一点已经得到了证实。同时，又算出了宇宙中的时空也是弯曲的。

两个不同的时空域，也就是两个宇宙，连接两个宇宙的隧道就是一个虫洞。这个虫洞，早期叫作爱因斯坦—罗森桥，爱因斯坦认为任何进入到桥中心的火箭都将被压碎，甚至在两个宇宙中进行通信也是不可能的。

　　然而，令人震惊的事在爱因斯坦死后发生了，几十年以后，科学家们在研究爱因斯坦方程的时候，发现爱因斯坦的方程可以有新的解。爱因斯坦认为蛀洞中的引力场极其巨大，任何进入中心的火箭和人都会被撕裂，而新的计算说明是安全的，不会被撕裂；原先以为，一旦进入蛀洞，时间就会变慢，有可能地球上已经历了数十亿年，新的计算说明，在蛀洞中往返一趟所花费的时间只需一天……

　　总之，索恩最后的结论是：在原则上，人类是可以穿越蛀洞的。不过，人类穿越蛀洞的现实可能却不存在。因为，打开蛀洞需要的能量极其巨大，把地球上所有的能量集中起来也达不到要求。穿越时空的旅行，也许还要等上几个世纪。

　　索恩的蛀洞，许多科学家保留看法，霍金就是其中的一位。然而，霍金自己提出的理论更使常人难以想象。他认为，除了我们的宇宙以外，还存在着无数个平行宇宙！

无数个平行宇宙，每一个宇宙都有无数蛀洞相连接，那么让我们穿过蛀洞，到那些从未听说过的宇宙中去看看！

且慢！做一点补充说明，可能会使性急的人丧气。蛀洞非常小，非常小，还没有一个质子大，人怎么穿过去呢？

最后，不得不提醒大家，这里说到的蛀洞、平行宇宙只是理论上的，是一些物理学家研究中的理论，而不是付诸实现的计划，即使是计划，也尚未找到足够的能量。

时空旅行原本是科学幻想小说中的一个主题，纯粹是幻想。到了今天，幻想的色彩正在减退，科学的成分正在增加。时空旅行原本的目标是旅行，而科学家只是把旅行当作一条线索，引导人们进入超越时空的理论。

现在已经进入 21 世纪，将是超时空胜利的世纪。

经络在哪里

中医说，人体内有一个经络系统。西医问：经络在哪里，怎么看不见，摸不着，找不到？物理学家说话了，我们来找找看。

中医是古老的医学，我们的祖先，祖先的祖先，老早就建立了一套理论。这套理论指导着中医去治疗疾病，保障人们的健康。

可是，年轻人往往不信中医，他们弄不懂"肾虚"这类的名词。你说"肾虚"，到西医那儿去检查，肾脏好好的，没有毛病。特别是有个头痛、胃痛什么的，去找针灸大夫，他们会说："不通则痛，我给你疏通一下经络。"

经络？经络在哪里？

针灸大夫不会详细向你解释经络是什么，他会拿起一根银针，在你小腿上选定一个叫作"足三里"的穴位，把银针扎进去，过一会儿，胃痛就减轻，最后不疼了。针灸大夫还会说，如果你长时间坐车会头晕，只要用针扎手臂上的内关穴，就再也不会晕了。内关穴有很多作用，心绞痛的病人，按揉或针刺内关穴，病情都会缓解。

　　这就是中医治病的原理。人的身体里有14条经脉，根据两三千年的经验，身体有病，就会在相关的经脉上反映出来，只要在经脉上针灸，病情就会得到缓解和治疗。胃属于胃经，治胃疼不必直接治胃，而针刺胃经上的足三里就行了。头晕、心绞痛是心包经上的病，针灸心包经的内关穴十分有效。这就出现了胃疼治小腿、头晕治手臂的现象。

　　中医说，14条经脉形成网络，遍布全身，这就叫经络。年轻人却问，经络？经络在哪里？我们上生理课，讲到人体有消化系统、神经系统和各种系统，都能看到

实实在在的肠、胃、神经，怎么没看到经络？

是的。在人的身体里，有些什么器官，什么组织，都已解剖得明明白白，找来找去，唯独没有发现经络，看不见，摸不着，找不到。

经络是不是的确存在，成了许多人心中的谜。不论在国内，还是在日本、朝鲜、美国等，都有人参加到搜索经络的工作中来。因为人体的生理活动，仔细地分解，总是与化学、物理有关。这里，介绍一些物理学家的行动。

搜索从现象开始，研究人员发现，在人群中，有少数人对经络特别敏感。有一个人，当用电脉冲去刺激他食指上的穴位——商阳穴的时候，奇异的现象发生了，他感觉有点麻，同时还有酸和胀的感觉，这种感觉还会向上移，沿着一条细线，慢慢地传到前臂上缘，爬上胳膊，再传到肩上，通过下巴，传到嘴唇上方。

这个人清楚地说出这种感觉传导的路线，把这条细线描绘出来，正好是经络中的大肠经，与传统中医书中的经络图一致。这种现象叫循经感传，有这种感觉的人并不多，只占人群的 1%。循经感传现象，还可以表现为皮下出现一条白线、红线或隆起线，传导的速度大多是每秒 10 厘米左右。

更令人迷惑不解的是：经络现象不仅存在于我们全身，而且反映在耳朵上。耳朵上有很多穴位，针刺耳朵上的穴位，可以引起相应的循经感传。有报道说，针刺坐骨（神经）穴，有人会感觉有一股暖流从耳朵传到下肢；针刺耳朵上的肺穴，会引起手臂内侧酸胀感，这正是经络中肺经所循行的路线。所以，针刺耳朵上的穴位，可以治全身的疾病。

为了证实经络的存在，物理学家也加入研究经络的队伍中来了，应用各种物理手段去探求经络。中国科学院生物物理所教授祝总骧教授用了 20 多年的时间，进行了深入的研究。

他发现虽然有循经感传的人只占人群的 1%，而 98% 的人都有隐性循经感传，也就是说在脉冲电的激发下，都会出现循经感传现象。他用的方法是：在手指的商阳穴加一个小电极，对侧的腿上加一个大电极，通上很弱的脉冲电，拿一个小橡皮槌在经络上叩击，只要叩到经络上，受试的人就会有酸、麻、胀的感觉。有的地方特别敏感，酸、麻、胀的感觉重，就把这个点记下来，把这些点连成一条线，恰好也是老祖宗留下来的经脉。

祝总骧教授还有一种更巧妙的办法，仍然采用前面的方法，用小橡皮槌去叩击经脉，但是，在经脉线加一个听诊器，或者是一个声传感器，测试人就会听到经脉的声音：一种声调高亢、洪亮的声音。这样，测试的循经感传，就不仅仅是被测试人的感觉，旁边的人也听到了声音，也知道经脉所在。

就这样，祝教授已经证实了经络的客观存在，而且证明经脉线很细，只有 1 毫米宽。既然经络的确存在，是符合科学的，那么，就有必要反过来问，我们的祖先是怎么知道经络存在的，而且在 2500 年前的医书《黄帝内经》中就有记载，14 条经脉画得清清楚楚，用现代方法去测试，也只是证明了古书上的经脉线没错，完全正确。

　　这是一个很难破解的谜，同时又引起另外一个谜，既然经络是客观存在，那么，为什么解剖人体的时候，却找不到经络呢？

　　这个问题，参与研究的人很多，有国内的专家，也有国外的学者，仁者见仁，智者见智。

　　有人认为，经络可能存在于结缔组织中。结缔组织分布全身，由细胞、纤维和大量细胞间质组成，经络就可能存在于其中。

　　国外的学者大多倾向与神经系统的关系最密切。怎么个密切法，那也说不清。

　　有的人认为，经络是人体里的高级信息结构，它遍布全身，形成网络，控制着局部的基因活动。

　　还有一种说法，认为经络是细胞膜，但它不同于一般细胞膜，而是一组特殊的细胞膜，可能有能量转换的功能、传递信息的功能。

　　有位日本人，认为人体存在一种信息传递系统，叫作 X—信号系统，能感知到连神经系统也不能感知的微小系统。

而更多的结论，还需要科学家进一步去探索。

请你解答

1. 太阳中心的温度高达上千万摄氏度，为什么不会使所有的氢一起参加氢核聚变反应？如何在室温条件下实现核聚变？

2. 球状闪电是一种奇特的自然现象，它是怎么形成的？

3. 一克反物质和物质相撞湮灭的时候，可放出巨大的能量。如何找到利用反物质发电的途径？

4. 金属氢是人们追求的超导材料，能证实液化氢可以转变为金属氢吗？如何大量得到金属氢？

5. 在力学定律中，时间没有方向，是可逆的，而大自然的现象却是不可逆的。时间之箭的起点究竟在哪儿？

6. 物质的最小结构就是夸克吗？证明夸克还

有它的内部结构。

7.自然界真的存在第五种力吗？自行设计一个实验，证实或否定排斥力。

8.宇宙间星系的总质量不足以提供各星系之间的强大引力，从哪儿去找短缺的质量？中微子的质量究竟是多少？

9.经典物理、现代物理都无法解释清楚引力异常现象，能说明引力异常的原因吗？

10.超弦理论中的十维时空是什么样的？

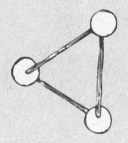

中小学科普经典阅读书系